快速抠图并导出

制作个人证件照

按比例裁剪图像

制作木版画效果

制作水彩画效果

制作木版画效果

制作水彩画效果

按比例裁剪图像

绘制闹钟图形

绘制动物卡通形象

制作并应用纹理图案

为图像填充颜色

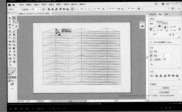
图文混排

制作生日邀请函

制作九宫格图像

制作波浪线背景

制作漫画速度线

应用预设文字效果

创意菠萝房子

制作立体像素字效果

抠取并导出图像

调整图像显示比例

制作搜索框

制作个人证件照

创建个性笔刷

打造唯美图像

制作景深效果

制作立体文字效果

调整图像的色调

抠取白色杯子

文字穿插叠加效果

制作拆分文字效果

制作木版画效果

制作水彩画效果

制作塑料薄膜效果

按比例裁剪图像

绘制闹钟图形

绘制动物卡通形象

制作线条文字

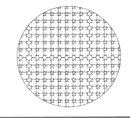

制作并应用纹理图案

制作循环渐变效果

为图像填充颜色

提取黑白线稿

制作立体像素字效果

HAPPY BIRTHDAY

制作生日邀请函

制作波浪线背景

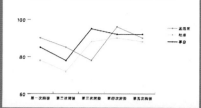

制作成绩折线图　　　　　美化折线图表　　　　　绘制卡通熊图标

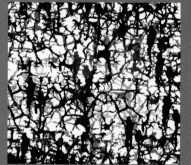

使用符号制作背景　　　　　制作漫画速度线　　　　　制作弥散效果图形

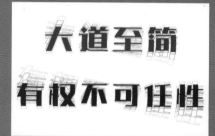

应用预设文字效果

创意菠萝房子

水果高级效果的呈现

制作家居三折页1　　　　　制作家居三折页2

清 华 电 脑 学 堂

平面设计核心应用

标准教程

Photoshop + Illustrator 微课视频版

卢建洲 ◎ 编著

清華大學出版社

北 京

内 容 简 介

本书内容以应用为导向，以理论作铺垫，循序渐进地对平面设计基础知识及其应用技巧进行了全面阐述。从结构上看，本书对Photoshop和Illustrator两款典型的平面设计软件做了全面细致的介绍。

全书共14章，遵循由浅入深，从基础知识到案例进阶的学习原则，依次对平面设计入门学习、Photoshop基础知识、图层的应用、图像的处理、图像色彩的调整、路径与文字、通道与蒙版、滤镜效果的应用、Illustrator 基本应用、图形上色与图像描摹、文字和图表的处理、复合图形的创建、效果与图层样式的应用等进行讲解，最后通过案例实战对所学知识进行巩固，以做到温故而知新。

全书结构合理，内容丰富，易教易学，既有鲜明的基础性，也有很强的实用性。本书既可作为高等院校相关专业学生的学习教材，又可作为培训机构及平面设计爱好者的参考用书。

图书在版编目（CIP）数据

平面设计核心应用标准教程Photoshop+Illustrator：
微课视频版 / 卢建洲编著. -- 北京：清华大学出版社，
2024. 7. -- (清华电脑学堂). -- ISBN 978-7-302
-66675-2

Ⅰ. TP391.413

中国国家版本馆CIP数据核字第2024E2V747号

责任编辑：袁金敏
封面设计：阿南若
责任校对：胡伟民
责任印制：沈　露

出版发行：清华大学出版社
　　　网　　　址：https://www.tup.com.cn，https://www.wqxuetang.com
　　　地　　　址：北京清华大学学研大厦A座　　　邮　　编：100084
　　　社 总 机：010-83470000　　　邮　　购：010-62786544
　　　投稿与读者服务：010-62776969，c-service@tup.tsinghua.edu.cn
　　　质 量 反 馈：010-62772015，zhiliang@tup.tsinghua.edu.cn
　　　课 件 下 载：https://www.tup.com.cn，010-83470236
印 装 者：三河市铭诚印务有限公司
经　　销：全国新华书店
开　　本：185mm×260mm　　　印　　张：15.5　　　插　　页：2　　　字　　数：390千字
版　　次：2024年7月第1版　　　印　　次：2024年7月第1次印刷
定　　价：69.80元

产品编号：106545-01

　　说到平面设计，很多人会想到Photoshop和Illustrator这两款工具，前者是一款强大的图像处理软件，后者是一款优秀的矢量绘图软件。Photoshop集图像扫描、编辑修改、动画制作、图像设计、广告创意、图像输入与输出于一体；Illustrator主要处理精细的矢量图形，在平面设计、包装设计、网页设计等领域广泛应用。它们操作方便、易于上手，因此，深受广大设计爱好者与专业从事人员的喜爱。

　　在平面设计过程中，Photoshop和Illustrator除了能充分发挥各自的优势外，还能相互协调。根据实际需要，可将设计好的矢量图形调入Photoshop软件，进行进一步的完善和加工。同时，也可将PDF、JPG等文件导入Illustrator软件进行编辑，从而节省设计时间，提高工作效率。

　　随着软件版本的不断升级，目前软件技术已逐步向智能化、人性化、实用化发展，旨在使设计师将更多的精力和时间用在创作方面，为用户呈现更多、更完美的设计作品。

内容概述

　　全书共分为14章，各章内容如表1所示。

表1

章	内容导读
第1章	主要对平面设计基础知识进行讲解，包括平面设计的概念、要素、构图，平面设计作品用途，色彩的相关知识，AIGC在平面设计中的应用，平面设计的专业术语等
第2～8章	主要对Photoshop知识及其应用技巧进行讲解，包括Photoshop入门知识、辅助工具的使用、选择工具与形状工具的使用、选区的创建与编辑、图层的使用、画笔工具组的使用、修复工具组的使用、橡皮擦工具组的使用、历史记录工具组的使用、修饰工具组的使用、图像色彩分布的查看、图像的色调、图像的色彩、特殊颜色效果、路径的创建与编辑、文字的编辑操作、通道与蒙版、图像修饰滤镜、常用内置滤镜效果等
第9～13章	主要对Illustrator知识及其应用技巧进行讲解，包括Illustrator基础知识、绘制基本图形、绘制与编辑路径、填色与描边、渐变填充、实时上色、实时描摹、文本的编辑、图表的创建、复合路径与复合形状、剪切蒙版、混合对象、封套扭曲、符号、特殊效果的创建、图形样式、外观属性等
第14章	依次对色彩调整、创意合成、3D文字、宣传页等类型平面设计作品的呈现进行介绍

本书特色

本书采用**理论+实操**的组织结构，以**图示+文字**的表现形式，对平面设计知识及操作方法进行全面讲解。从实际应用中激发读者的学习兴趣，使其知其然更知其所以然。

- **专业性强，覆盖面广**。本书主要围绕Photoshop+Illustrator两大平面设计软件知识的应用展开讲解，并对不同类型的案例制作进行分析，使读者了解并掌握相关的设计原则与要点。

- **理论+实操，实用性强**。本书为重要知识点配备了相关的练习案例，使读者在学习过程中能够从实际出发，学以致用。

- **结构合理，全程图解**。本书采用全程图解的方式，使读者能够直观地看到每步的具体操作。本书所有的案例都经过精心的设计，符合新手级读者的阅读习惯。

- **疑难解答，学习无忧**。本书附赠新手常见疑难问题及解决方法电子书，使读者能够及时地处理学习或工作中遇到的问题。本书还附赠若干实操练习案例，以达到举一反三、学以致用的目的。

本书的配套素材和教学课件可扫描下面的二维码获取。如果在下载过程中遇到问题，请联系袁老师，邮箱：yuanjm@tup.tsinghua.edu.cn。书中重要的知识点和关键操作均配备高清视频，读者可扫描书中二维码边看边学。

本书由卢建洲编写，在编写过程中得到了郑州轻工业大学教务处的大力支持，在此表示衷心的感谢。本书编写过程中虽然作者力求严谨细致，但由于时间与精力有限，书中疏漏之处在所难免。如果读者在阅读过程中有任何疑问，请扫描下面的技术支持二维码，联系相关技术人员解决。教师在教学过程中有任何疑问，请扫描下面的教学支持二维码，联系相关技术人员解决。

配套素材　　　教学课件　　　技术支持　　　教学支持

目 录

Ps+Ai
Photoshop+Illustrator

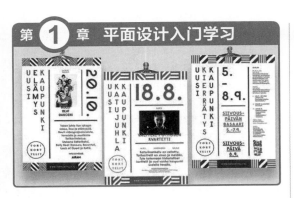
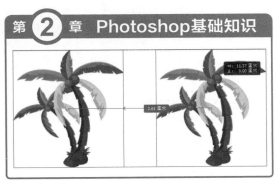

第 **6** 章 **路径与文字**

北国风光，千里冰封，万里雪飘。望长城内外，惟余莽莽；大河上下，顿失滔滔。山舞银蛇，原驰蜡象，欲与天公试比高。须晴日，看红装素裹，分外妖娆。
江山如此多娇，引无数英雄竞折腰。惜秦皇汉武，略输文采；唐宗宋祖，稍逊风骚。一代天骄，成吉思汗，只识弯弓射大雕。俱往矣，数风流人物，还看今朝。

第 **7** 章 **通道与蒙版**

第 **8** 章 **滤镜效果的应用**

第 **9** 章　Illustrator基本应用

第 **10** 章　图形上色与图像描摹

第 **11** 章　文字和图表的处理

第 12 章 复合图形的创建

第 13 章 效果与图形样式的应用

第 14 章 案例实战

平面设计核心应用

Ps+Ai

Photoshop+Illustrator

第1章

平面设计入门学习

本章将对平面设计的基础进行讲解，包括平面设计入门知识、平面设计作品的用途、色彩相关知识、AIGC在平面设计中的应用及平面设计的专业术语。了解并掌握这些基础知识，有助于设计师培养全面的设计素养，涵盖基础的美学认知到进阶的设计实践。

 要点难点

- 平面设计入门知识与用途
- 色彩基础知识
- AIGC在平面设计中的应用
- 平面设计的专业术语

1.1 平面设计入门知识

平面设计是一种通过视觉沟通和美学表达解决问题和传达信息的艺术和实践。它结合文字、图像、颜色和布局，以创造视觉上吸引人并有效传达信息的设计作品。

1.1.1 平面设计的概念

平面设计是一种视觉传达艺术，旨在通过使用图形、文字和图像等元素传递信息或创造某种感觉。这种设计形式跨越多种平面媒介，包括纸张印刷品（如海报、传单、名片）、数字媒介（如网站、应用界面）、广告和产品包装等，如图1-1、图1-2所示。平面设计的目的在于通过视觉表现手段，实现有效的沟通和目标受众的情感共鸣。

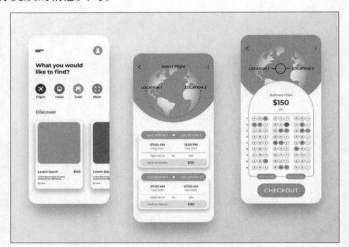

图 1-1   图 1-2

1.1.2 平面设计的要素

平面设计的核心要素包括色彩、图形和文字。这三要素在平面设计中相互配合、相互补充，通过设计师巧妙的整合与编排，形成统一和谐、富有视觉冲击力和感染力的设计作品。

1. 色彩

在平面设计中，色彩可以快速传达情绪和感觉，吸引目标受众的注意力。色彩的选择不仅可以反映品牌的形象和信息，还可以影响消费者的情绪和行为。不同的色彩搭配能够创造出不同的情绪和视觉效果。例如，暖色调常用于表达活力、热情和兴奋，如图1-3所示；而冷色调则可能让人联想到平静、清新或专业，如图1-4所示。

2. 图形

图形是设计中用于叙事和表达的重要视觉工具，包括基本形状、线条、纹理、图标、插图和照片等各种可视化的非文字元素。通过巧妙地结合和这些不同类型图形的应用，可以创造出富有表现力和感染力的设计作品，如图1-5、图1-6所示。

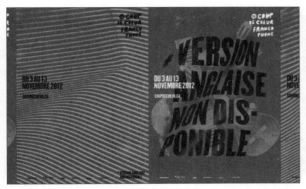

图 1-3

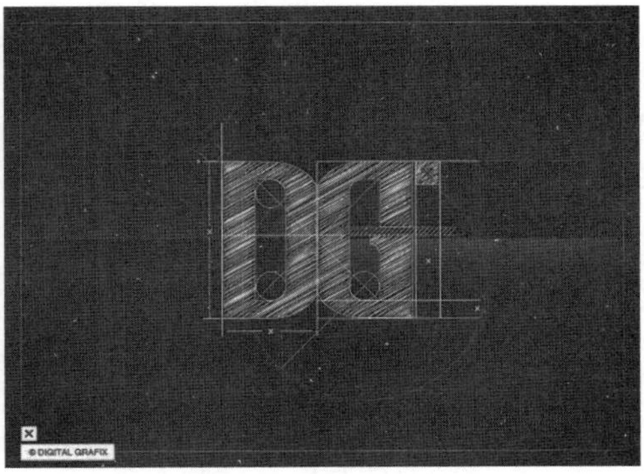

图 1-4

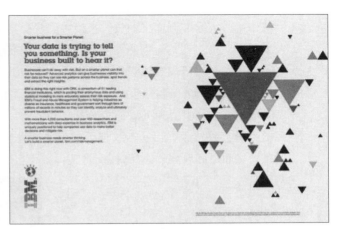

图 1-5

图 1-6

3. 文字

　　平面设计中，文字元素不仅是传达信息的核心载体，也是构建视觉美感、引导观众视线流动及塑造品牌辨识度的关键要素。设计师通过精心挑选字体、调整字号大小、进行布局排列及运用颜色对比等手段，能够有效实现信息层次的划分、视觉焦点的确立和设计主题的强化，如图1-7、图1-8所示。

图 1-7

图 1-8

1.1.3 平面设计的构图

  平面设计的构图不仅关注视觉美学，也重视通过设计元素与构图原则的运用，实现对观众视觉感知和心理反应的有效调控，以达成设计的最终目标——有效地传达信息和情感，同时满足审美需求和功能需求。

1. 构图与视觉

  在视觉方面，构图决定了设计作品的整体视觉效果和吸引力。一个优秀的构图能够使画面元素之间形成和谐统一的整体，营造强烈的视觉冲击力。通过合理的构图可以突出设计作品的主题，引导观众的视线，使画面更加富有层次感和立体感。以下是构图在视觉方面对设计作品的重要影响。

- **位置布局**：元素在画面中的位置直接影响着视觉重心和流向，如图1-9所示。
- **大小对比**：通过调整元素的尺寸强调重要性或突出层级关系。
- **色彩应用**：色彩不仅能够强化情绪表达，还能引导视线、区分信息层次。
- **空间深度与层次**：通过透视、遮挡、重叠等手法模拟三维空间感，使画面具有立体深度，增强视觉吸引力和沉浸感，如图1-10所示。
- **视觉引导**：将线条、形状、纹理等作为视觉线索，帮助观众按照设计师预期的顺序浏览信息，从而更好地理解作品的意图和故事叙述。

图 1-9

图 1-10

2. 构图与心理

  在平面设计中，构图不仅是技术层面的排布组合，也是深入探究观众心理、有效沟通设计理念的关键手段。通过精心构思和巧妙布置，设计师能够创作既美观又实用的设计作品，同时满足商业诉求和审美体验。以下是构图与心理在平面设计中的关键关联点。

- **视觉层次与焦点**：通过构图设计师可以控制视觉的焦点，将观众的注意力集中到设计中最重要的信息或元素上，例如大小、颜色、对比度等。
- **情绪激发**：色彩、形状、纹理等视觉元素都能激发特定的情绪反应。
- **文化符号与象征**：在设计中考虑这些文化因素和象征意义，有助于设计作品更好地激发目标观众的共鸣，传达更深层次的信息和价值观。
- **视觉平衡与和谐**：通过对称、不对称或径向平衡的布局，可以创造出和谐、稳定或动态的视觉效果，满足不同的设计目标和审美需求。
- **心理暗示与引导**：构图中的线条、形状和方向可以作为视觉暗示，引导观众的视线或思考方向。
- **故事讲述**：通过构图和视觉元素的巧妙运用，可以创造出引人入胜的视觉叙事，使观众在情感上与设计作品产生共鸣。

1.2 平面设计作品的用途

平面设计广泛应用于各领域，下面是平面设计作品的主要用途及其介绍。

1.2.1 平面广告设计

平面广告设计主要用于商业推广，目的是吸引消费者的注意力，传达广告信息，促使消费者产生购买行为。这类设计需要结合创意文案、吸引人的图像和有效的布局策略，确保广告信息能够被快速、准确地接收。常见的平面广告形式包括杂志广告、报纸广告、户外广告、包装广告、DM广告等，如图1-11、图1-12所示。

图 1-11

图 1-12

1.2.2 海报设计

海报设计是用于宣传特定事件、产品或服务的一种平面设计形式。它通过引人注目的视觉元素和简洁明了的信息传达，吸引公众的注意力，达到宣传的目的。海报设计通常需要考虑图像、色彩、文字和布局的有效结合，以创造出既美观又富有感染力的设计作品，如图1-13、图1-14所示。

图 1-13

图 1-14

1.2.3　Logo设计

　　Logo是企业品牌识别系统的核心元素，Logo设计使用独特且令人记忆深刻的视觉符号代表一个品牌或公司的形象，如图1-15所示。一个好的Logo设计不仅能传达企业的核心价值观和理念，还能在消费者心中建立对品牌的独特印象。Logo设计通常追求简洁、易于识别并具有时间的持久性。

图 1-15

1.2.4　书籍装帧设计

　　书籍装帧设计涉及书籍的封面、背面和书脊的视觉设计，是书籍营销的重要组成部分。一个吸引人的书籍封面能够激发读者的兴趣，促使其购买或阅读。书籍装帧设计不仅要考虑艺术性和创意，还要考虑书籍的主题、内容及目标读者群体，如图1-16、图1-17所示。

图 1-16

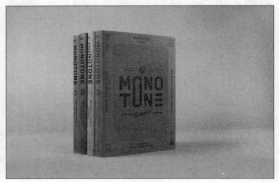

图 1-17

1.2.5 数字媒体设计

随着数字技术的发展，数字媒体设计成为平面设计的一个重要分支。它包括网站设计、移动应用界面设计、社交媒体内容设计等，如图1-18、图1-19所示，主要用于网络和移动设备平台的视觉传达。数字媒体设计不仅要注重视觉吸引力，还要考虑用户体验和交互设计，以确保信息的有效传达和用户的良好体验。

图 1-18

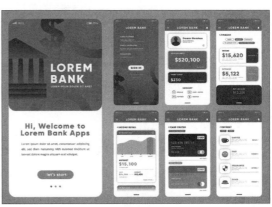

图 1-19

1.3 色彩的相关知识

色彩是设计中最重要的视觉元素之一，它能够影响人们的情绪和感知，因此，了解色彩的基本原理和应用技巧对于设计师来说至关重要。

1.3.1 色彩的构成

色彩的三原色是色彩构成中的基本概念，指的是不能再分解的三种基本颜色。根据应用领域的不同，三原色可以分为色光三原色和颜料三原色。

1. 色光三原色

色光三原色是指红（Red）、绿（Green）、蓝（Blue），可以通过加色混合得到其他所有色光，在光色混色中，颜色越加越亮，最终可以得到白色，如图1-20所示。电视机、计算机显示器、投影仪等设备就是利用这种加色法原理产生了丰富的色彩。

2. 颜料三原色

颜料三原色是指品红（Magenta）、青（Cyan）、黄（Yellow），这三种颜色是颜料或染料混合的基础，通过减色混合可以得到其他所有颜色。在颜料混色中，颜色混合后会产生暗色，三原色混合后得到的是黑色，如图1-21所示。商业印刷中通常还会加入黑色（black），因此实际采用的是CMYK四色印刷系统，这是因为单独使用C、M、Y三色很难得到足够深沉的黑色，添加黑色颜料有助于提高图像暗部细节的表现力，并节省彩色油墨的用量。

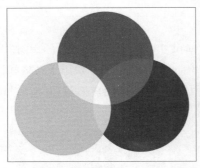
图 1-20

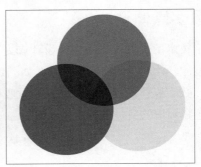
图 1-21

1.3.2　色彩的属性

色彩的三个属性分别为色相、明度和饱和度。

1. 色相

色相是色彩呈现的质地面貌，主要用于区分颜色。在0～360度的标准色轮上，可用位置度量色相。通常情况下，色相以颜色的名称识别，如红、黄、绿色等，如图1-22所示。

图 1-22

2. 明度

明度是指色彩的明暗程度。通常情况下明度的变化包括两种情况：一是不同色相之间的明度变化，二是同色相的不同明度变化，如图1-23所示。提高色彩的明度，可以加入白色，反之可以加入黑色。

图 1-23

3. 饱和度

饱和度是指色彩的鲜艳程度，是色彩感觉强弱的标志。其中红（#FF0000）、橙（#FFA500）、黄（#FFFF00）、绿（#00FF00）、蓝（#0000FF）、紫（#800080）等纯度最高，图1-24为红色的不同饱和度。

图 1-24

1.3.3　色彩的混合

色相环是理解和操作色彩混合的重要工具。它提供了一种直观的方式，以查看颜色之间的关系，并通过对它们的混合和匹配创建新的颜色。

色相环是一个圆形的颜色序列，通常包含12～24种不同的颜色，每种颜色都按照它们在光谱中出现的顺序排列。以12色相为例，12色相由原色、间色（第二次色）、复色（第三次色）组合而成，如图1-25所示。

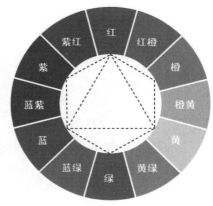

图 1-25

- **原色**：是指无法通过其他颜色的混合调配而得出的"基本色"，即红、黄、蓝三色，彼此形成一个等边三角形。
- **间色（第二次色）**：三原色中任意两种原色相互混合而成的颜色。如红+黄=橙；黄+蓝=绿；红+蓝=紫，彼此形成一个等边三角形。
- **复色（第三次色）**：任何两种间色或三种原色相互混合而产生的颜色，复色的名称一般由两种颜色组成，如橙黄、黄绿、蓝紫等，彼此形成一个等边三角形。
- **同类色**：在色相环中指夹角15°以内的颜色，色相性质相同，但色度有深浅之分。同类色搭配可以理解为使用不同明度或饱和度的单色进行色彩搭配，通过明暗可以体现出层次感，营造出协调、统一的画面。
- **邻近色**：在色相环中指夹角为30°～60°的颜色，色相近似，冷暖性质一致，色调和谐统一。邻近色搭配效果较为柔和，主要是通过明度加强效果。
- **类似色**：在色相环中指夹角为60°～90°的颜色，有明显的色相变化。类似色搭配画面色彩活泼，但又不失统一。
- **中差色**：在色相环中指夹角为90°的颜色，色彩对比效果较为明显。中差色搭配画面比较轻快，有很强的视觉张力。
- **对比色**：在色相环中指夹角为120°的颜色，色彩对比效果较为强烈。对比色的搭配画面具有矛盾感，矛盾越鲜明，对比越强烈。
- **互补色**：在色相环中指夹角为180°的颜色，色彩对比最为强烈。互补色搭配的画面给人强烈的视觉冲击力。

1.4 探索AIGC在平面设计中的应用

AIGC（Artificial Intelligence Generated Content）是指人工智能生成内容，这是一种利用机器学习、深度学习、自然语言处理、计算机视觉等先进AI技术自动或半自动创建文本、图像、音频、视频等各种类型内容的新型生产方式。在平面设计领域，尤其是与Photoshop、Illustrator这类设计软件相结合时，AIGC的应用可体现在以下方面。

1.4.1 设计灵感与创意生成

利用深度学习和神经网络技术，AIGC可以根据设计师提供关键词、描述，甚至其他视觉参考素材，自动生成一系列新颖的设计草图或初步构想，有助于设计师打破思维局限，拓宽设计视野。图1-26、图1-27所示分别为利用Midjourney生成的设计灵感。

图 1-26

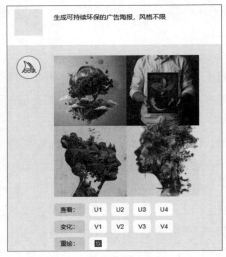

图 1-27

1.4.2　图形和图案的创建

在创建复杂图案或需要大量图形元素的设计时，可以利用AIGC，输入关键词或具体参数，自动化生成各种复杂的图形和图案，包括几何形状、抽象图案、自然纹理等，这些图形和图案不仅独特，而且与设计师的初衷紧密相关，大大减少了手动创作的时间。图1-28、图1-29所示分别为利用Midjourney生成的网页背景和包装图案效果。

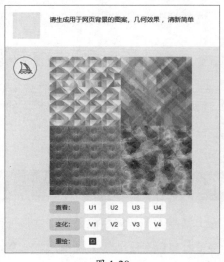

图 1-28

图 1-29

1.4.3　人物插画和角色设计

在Illustrator中进行人物插画和角色设计时，AIGC能够根据描述的性格特征、故事背景和情绪需求，生成具有特定风格的人物插画和角色形象。设计师可以在此基础上进行细化和调整，从而快速完成高质量的人物插画和角色设计。图1-30、图1-31所示分别为利用Midjourney生成的品牌吉祥物和游戏角色形象。

图 1-30

图 1-31

1.4.4 风格迁移与模仿

AIGC可以通过学习不同风格的设计作品，实现风格的自动迁移和模仿。设计师可以指定目标风格，使AIGC将现有设计转化为该风格，从而丰富设计的多样性和创新性。图1-32、图1-33所示分别为利用Midjourney生成的莫奈与王希孟风格的插画。

图 1-32

图 1-33

1.4.5 颜色方案和配色建议

颜色在平面设计中起着至关重要的作用。AIGC可以分析色彩心理学、设计趋势和用户偏好，为设计师提供合适的颜色方案和配色建议。设计师可以根据项目需求和目标受众，选择或调整AIGC生成的颜色方案，从而确保设计的色彩搭配既美观又符合项目要求。图1-34、图1-35所示分别为利用Midjourney生成的蓝色系和绿色系搭配方案。

图 1-34

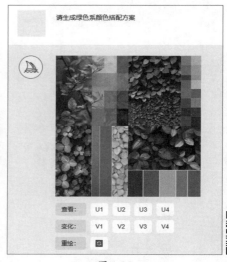

图 1-35

1.4.6 图像修复与优化

　　AIGC技术应用于图像处理与优化，极大地提升了工作效率并拓宽了设计的可能性。具体而言，AIGC在图像处理与优化方面的应用表现在以下几方面。

1. 自动去除瑕疵

　　AIGC可以识别并自动去除照片中的瑕疵或不需要的对象，如飞行中的鸟、路过的行人、皮肤上的斑点等。该功能通过分析图像的上下文信息、预测被移除区域周围的像素内容并填充匹配的纹理和颜色实现。图1-36、图1-37所示分别为使用hama无痕涂抹消除前后的效果图。

图 1-36

图 1-37

2. 图像修复

对于破损或老化的照片，AIGC能够自动检测损坏区域（如裂纹、褪色、水渍等）并进行修复。通过学习大量的图像数据，理解不同的图像纹理和结构，从而生成与原图相似的填充内容，恢复照片的原貌。图1-38、图1-39所示分别为使用JPGHD软件为老照片上色前后的效果。

图 1-38　　　　　　　　　　　　　　　图 1-39

3. 图像增强

AIGC还可用于自动调整图像的光照、对比度和颜色平衡，提高照片的总体质量。对于分辨率较低的图像，AIGC技术能够通过超分辨率重建方法增加图像的分辨率，使图像看起来更清晰细腻。图1-40所示为使用Image Enhancer修复模糊图像的前后对比图。

图 1-40

4. 智能抠图与背景替换

AIGC技术能够准确识别图像中的主体对象。它可以分析图像内容，识别和区分前景（主体）和背景，然后精确地沿着边缘分离主体，实现高质量的抠图效果。在成功抠出图像主体后，设计师可以选择一个新的背景图像，AIGC技术会将抠图的对象智能融入新背景，处理好光影、颜色匹配等问题，使合成图像看起来自然和谐。图1-41所示为使用BgSub为智能抠图后替换背景的效果。

除此之外，在制作大型图册或报告时，需要对多个页面中的元素进行统一风格的调整（如颜色、字体大小、边距等）。AIGC可以自动执行这些烦琐的调整任务，保证文档的一致性，同时释放设计师的时间，使他们可以专注于更具创造性的工作。在进行大规模个性化邮件营销、社交媒体广告或个性化商品（如T恤、手机壳等）设计时，AIGC可以基于用户数据（如兴趣、购买历史等）生成大量个性化的设计方案。这种方法不仅提高了营销的相关性和吸引力，还在很大程度上提高了设计的效率和规模。

图 1-41

1.5 平面设计的专业术语

平面设计是一个涵盖众多专业术语的领域，包括位图、矢量图、像素、分辨率、图像的色彩模式、文件的存储格式等。

1.5.1 像素与分辨率

像素是组成图像的基本元素，分辨率则是衡量这些像素在一定空间内密集程度的标准。了解和掌握像素和分辨率的概念及其关系，对于图像处理、摄影等领域都非常重要。

1. 像素

像素（Pixel）是构成图像的最小单位，决定着图像的分辨率和质量。在位图图像（如JPEG、PNG等格式）中，图像的质量和细节程度直接取决于其包含的像素数量。像素越多，图像越细腻，表现的颜色层次和细节也越丰富，图1-42、图1-43所示分别为不同像素数量的图像效果。

图 1-42

图 1-43

2. 分辨率

分辨率通常指的是单位长度内像素的数量，它可以是屏幕分辨率或图像分辨率。

（1）图像分辨率

图像分辨率通常以"像素/英寸"表示，是指图像中每单位长度含有的像素数量，如图1-44所示。高分辨率的图像比相同打印尺寸的低分辨率图像包含更多的像素，因而图像更清楚、细腻。分辨率越大，图像文件越大。

（2）屏幕分辨率

指屏幕显示的分辨率，即屏幕显示的像素数量，常见的屏幕分辨率类型有1920×1080、1600×1200、640×480。在屏幕尺寸不变的情况下，分辨率越高，显示效果越精细、细腻。计算机的显示设置中会显示推荐的显示分辨率，如图1-45所示。

图 1-44

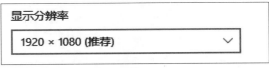

图 1-45

1.5.2　位图与矢量图

位图与矢量图是两种不同的图像表示方法。在选择图像表示方法时，应根据具体需求和目标进行权衡，选择最适合的图像类型。

1. 位图

位图也称点阵图像或像素图，由像素组成。每个像素被分配一个特定的位置和颜色值，并按一定的次序进行排列，就构成了色彩斑斓的图像，如图1-46所示。位图与分辨率紧密相关。当位图图像放大时，像素点也会放大，导致图像质量下降，出现锯齿状或马赛克状的边缘，如图1-47所示。

位图非常适于表现色调连续和色彩层次丰富的图像，例如照片、自然景色、细腻的纹理等。它们能够呈现逼真的视觉效果，捕捉细微的色彩变化和光影效果。因此，位图图像广泛应用于摄影、绘画、艺术和设计等领域。

图 1-46

图 1-47

2. 矢量图

矢量图形又称向量图形，内容以线条、曲线和形状等矢量对象为主，如图1-48所示。由于其中线条的形状、位置、曲率和粗细都是通过数学公式进行描述和记录的，因而矢量图形与分辨率无关，能以任意大小输出，不会遗漏细节或降低清晰度，放大后也不会出现锯齿状边缘现象，如图1-49所示。

图 1-48

图 1-49

矢量图的色彩表现相对有限，通常用于表示简单的图像和图形元素，如标识、图标和Logo等。适用于需要保持清晰度和一致性的场景，如图形设计、文字设计、标志设计和版式设计等。

1.5.3　图像的色彩模式

图像的色彩模式决定了图像中颜色的表现和呈现方式，不同色彩模式适用于不同的输出环境。平面设计软件中常用的图像色彩模式如表1-1所示。

表1-1

模式	说明	适用于
RGB	该模式是一种加色模式，在RGB模式中，R（Red）表示红色，G（Green）表示绿色，B（Blue）表示蓝色。RGB模式几乎包括了人类视力所能感知的所有颜色，是目前应用最广泛的颜色系统之一	显示器、电视屏幕、投影仪等以光为基础显示颜色的设备
CMYK	该模式是一种减色模式，在CMYK模式中，C（Cyan）表示青色，M（Magenta）表示品红色，Y（Yellow）表示黄色，K（Black）表示黑色。CMYK模式通过反射某些颜色的光并吸收其他颜色的光产生各种不同的颜色	传统的四色印刷工艺，包括书籍、海报等各种纸质媒体的印刷制作
HSB	该模式基于人眼对颜色感知的理解，更直观地反映了色彩的构成要素。HSB分别指颜色的3种基本特性：色相（H）、饱和度（S）和亮度（B）	数字艺术创作和配色设计
灰度	该模式是一种只使用单一色调表现图像的色彩模式。灰度使用黑色调表示物体。每个灰度对象都有0%（白色）～100%（黑色）的亮度值	单色输出，例如黑白照片、报纸印刷等不需要彩色信息的场景
Lab色彩	该模式是最接近真实世界颜色的一种色彩模式。其中，L表示亮度，a表示绿色到红色的范围，b表示蓝色到黄色的范围	色彩校正和色彩管理

1.5.4 文件的存储格式

文件格式是指使用或创作的图形、图像的格式，不同的文件格式具有不同的使用范围。平面设计软件中常用的文件格式如表1-2所示。

表1-2

格式	说明	后缀
AI格式	Illustrator软件默认格式，可以保存所有编辑信息，包括图层、矢量路径、文本、蒙版、透明度设置等，便于后期编辑和修改	.ai
PDF格式	通用的文件格式，可以保存矢量图形、位图图像和文本等内容，便于共享和打印	.pdf
EPS格式	一种可以同时包含矢量图形和栅格图像的文件格式，通常用于打印输出。EPS格式的一个特点是可以将各个画板存储为单独的文件	.eps
SVG格式	一种基于XML的开放标准矢量图形格式，用于在Web上显示和交互式操作矢量图形	.svg
TIFF格式	一种灵活的位图格式，支持多图层和多种色彩模式，因此在专业领域，尤其是印刷和出版领域，有着广泛的应用	.tif
JPEG格式	一种高压缩比的有损压缩真彩色图像文件格式，其最大特点是文件较小，可以进行高倍率的压缩，广泛用于网页和移动设备的图像显示，在印刷、出版等高要求场景下不宜使用	.jpg .jpeg
PNG格式	一种采用无损压缩算法的位图格式，具有高质量的图像压缩和透明度的支持，因此在网页设计和图标制作等领域有着广泛的应用	.png
PSD格式	Photoshop软件默认格式，可在Illustrator中打开并编辑Photoshop图层和对象	.psd

Ps + Ai
Photoshop + Illustrator

第 **2** 章
Photoshop
基础知识

本章将对Photoshop的基础应用进行讲解，包括Photoshop的工作界面、图像辅助工具的使用、选择工具的使用、选区的编辑及形状工具的应用。了解并掌握这些基础知识，可以使新手轻松入门，高效地进行图像编辑和设计工作。

 要点难点

- Photoshop的工作界面
- 图像辅助工具的使用
- 选择工具的使用
- 选区的编辑
- 形状工具的应用

2.1 初识Photoshop

Adobe Photoshop简称PS，是由Adobe Systems开发和发行的图像处理软件。广泛应用于数字图像处理、编辑、合成等方面。

2.1.1 工作界面

Photoshop通过强大的功能和直观的操作界面，能够轻松实现各种复杂的图像处理任务。图2-1所示为Photoshop工作界面，各部分介绍如表2-1所示。

图 2-1

表2-1

名称	说明
菜单栏	由文件、编辑、文字、图层、窗口等11个菜单组成。单击相应的主菜单按钮，即可打开子菜单，在子菜单中单击某一菜单命令，即可执行该操作
选项栏	位于菜单栏的下方，主要用于设置工具的参数，不同工具的选项栏不同
标题栏	位于属性栏下方，标题栏中会显示文件的名称、格式、窗口缩放比例及颜色模式等
工具栏	默认位于工作区左侧，包含数十个编辑图像所用的工具。工具图标右下角的小三角形表示存在隐藏工具，工具的名称将显示在指针下面的"工具提示"中
图像编辑窗口	用于绘制、编辑图像的区域
状态栏	位于图像窗口的底部，用于显示当前文档缩放比例、文档尺寸大小信息。单击状态栏中的三角形图标，可以设置要显示的内容
浮动面板	以面板组的形式停靠在软件界面的最右侧，如常用的"图层"面板、"属性"面板、"历史记录"面板等
上下文任务栏	用于显示工作流程中最相关的后续步骤。例如，当选中一个对象时，上下文任务栏会显示在画布上，并根据潜在的下一步骤提供更多策划选项，如选择主体、移除背景、转换对象、创建新的调整图层等

2.1.2 图像文件的基本操作

在编辑图像之前，通常要对图像文件进行一些基本操作，如文件的新建与打开、置入与导出、保存与导出等。

1. 新建与打开图像文件

在使用Photoshop对图像文件进行操作处理之前，首先要掌握新建与打开图形文件的方法。新建文件包括以下3种方法。

- 启动Photoshop，单击"新建" 新建 按钮。
- 执行"文件"｜"新建"命令。
- 按Ctrl+N组合键。

以上操作均可打开"新建文档"对话框，如图2-2所示。在该对话框中设置新文件的名称、尺寸、分辨率、颜色模式及背景。设置完成后，单击"创建"按钮，即可创建一个新文件。

图 2-2

若要编辑已有图像，可以直接将图像拖曳至Photoshop；或者执行"文件"｜"打开"命令，在弹出的"打开"对话框中选择目标图像文件。

2. 置入与导出图像文件

置入文件可以将照片、图片或任何Photoshop支持的文件作为智能对象添加至文档。置入图像文件时可直接将其拖曳至文档；也可执行"文件"｜"置入嵌入对象"命令，在弹出的"置入嵌入的对象"对话框中选中需要的文件，单击"置入"按钮。置入的文件默认位于画布中间，并保持原始长宽比，如图2-3所示。

图 2-3

3. 存储与关闭图像文件

操作完成后，可以对文档进行保存操作。常用的保存方法如下。

- 执行"文件"|"存储"命令，或按Ctrl+S组合键。
- 执行"文件"|"存储为"命令，或按Ctrl+Shift+S组合键。

如果对新文件执行两个命令中的任一个，或对打开的已有文件执行"存储为"命令，都可弹出"另存为"对话框。为文件指定保存位置和文件名，在"保存类型"下拉列表框中选择需要的文件格式，如图2-4所示。

图 2-4

2.1.3 图像和画布的调整

在进行图像操作时，若图像的大小不满足要求，则可根据需要在操作过程中调整修改，包括图像尺寸和画布尺寸。

1. 调整图像大小

图像质量的高低与图像的大小、分辨率有很大关系，分辨率越高，图像越清晰，图像文件所占的空间也越大。执行"图像"|"图像大小"命令，或按Ctrl+Alt+I组合键，打开"图像大小"对话框，从中可对图像的尺寸进行设置，单击"确定"按钮即可，如图2-5所示。

图 2-5

2. 将图像裁剪为自定义大小

当使用裁剪工具调整图像大小时，像素大小和文件大小会发生变化，但是图像不会重新采样。选择裁剪工具后，在选项栏中设置裁剪范围，此时画面中显示裁剪框。裁剪框的周围有8个控制点，裁剪框内是要保留的区域，裁剪框外的为删除区域（变暗），拖曳裁剪框至合适大小，如图2-6所示，按回车键完成裁剪，如图2-7所示。

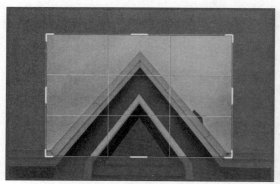

图 2-6   图 2-7

3. 扩展画布

画布是显示、绘制和编辑图像的工作区域。对画布尺寸进行调整可在一定程度上影响图像尺寸。放大画布时，会在图像四周增加空白区域，而不会影响原有的图像；缩小画布时，则会根据设置裁剪不需要的图像边缘。执行"图像"|"画布大小"命令，或按Ctrl+Alt+C组合键，打开"画布大小"对话框，如图2-8所示。

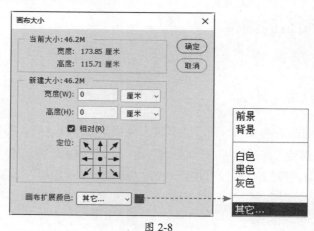

图 2-8

动手练 调整图像显示比例 ————————————

素材位置：**本书实例\第2章\调整图像显示比例\机械设备.jpg**

本练习将介绍图像显示比例的调整，主要运用的知识包括文档的打开、裁剪工具的使用，以及文档的存储等。具体操作过程如下。

步骤01 在Photoshop中打开素材图像，如图2-9所示。

步骤02 选择"裁剪工具"，在"选项栏"中设置参数，如图2-10所示。

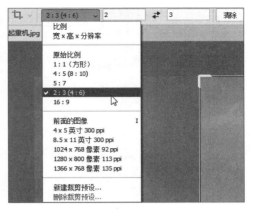

图 2-9　　　　　　　　　　　　　　　　　　　图 2-10

步骤03 调整裁剪范围，如图2-11所示。

步骤04 在上下文任务栏中单击"完成"按钮，应用裁剪，如图2-12所示。

图 2-11　　　　　　　　　　　　　　　　　图 2-12

步骤05 按Ctrl+Shift+S组合键，在弹出的"存储为"对话框中设置文件名，如图2-13所示。

步骤06 单击"保存"按钮，弹出"JPEG选项"对话框，设置图像品质为最佳，如图2-14
所示。

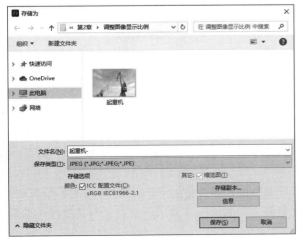
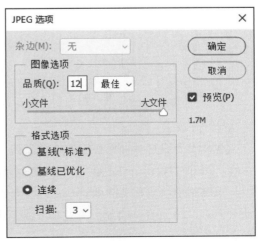

图 2-13　　　　　　　　　　　　　　　　　图 2-14

2.2 图像辅助工具的使用

Photoshop图像辅助工具通过提供精确的定位、对齐、排列和计数功能，实现更高效、更准确的图像处理。

2.2.1 标尺

启动Photoshop后，执行"视图"|"标尺"命令，或按Ctrl+R组合键，即可调出标尺。右击标尺，弹出单位设置菜单，如图2-15所示。

图 2-15

在默认状态下，标尺的原点位于图像编辑区的左上角，其坐标值为（0，0）。单击左上角标尺相交的位置█并向右下方拖曳，会拖出两条十字交叉的虚线，释放鼠标，即可调整零点位置。双击左上角标尺相交的位置█，可恢复到原始状态。

2.2.2 参考线

参考线和智能参考线是Photoshop中两种重要的图像辅助工具，它们具有独特的功能和应用场景。

1. 参考线

参考线显示为浮动在图像上的非打印线，可以移动、移除并锁定参考线。执行"视图"|"标尺"命令，或按Ctrl+R组合键显示标尺，将光标放置在左侧垂直标尺上向右拖曳，即可创建垂直参考线，如图2-16所示。将光标放置在上侧水平标尺上向下拖曳，即可创建水平参考线，如图2-17所示。

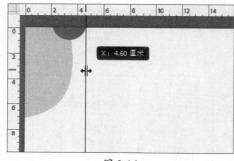

图 2-16

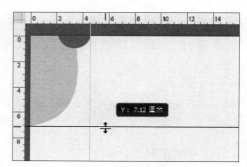

图 2-17

2. 智能参考线

智能参考线是一种更智能的辅助工具，它可以根据图像中的形状、切片和选区自动呈现参考线。执行"视图"|"显示"|"智能参考线"命令，即可启用智能参考线。

当绘制形状或移动图像时，智能参考线会自动出现在画面中，如图2-18所示。当复制或移动对象时，Photoshop会显示测量参考线，匹配对象之间的间距，显示所选对象与其直接相邻对象之间的间距，如图2-19所示。

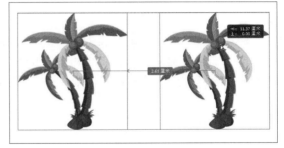

图 2-18　　　　　　　　　　　　　　　　　　　图 2-19

2.2.3　网格

　　网格主要用于对齐参考线，以便用户在编辑操作中对齐物体。执行"视图"|"显示"|"网格"命令，可在页面中显示网格，如图2-20所示。再次执行该命令，将取消网格的显示。

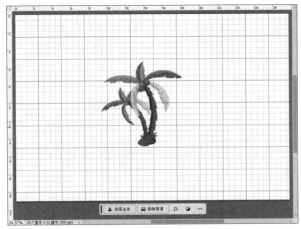

图 2-20

　　执行"编辑"|"首选项"|"参考线、网格和切片"命令，在打开的"首选项"对话框中设置网格的颜色、样式、网格线间距、子网格数量等参数，如图2-21所示。

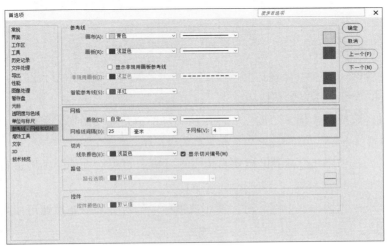

图 2-21

2.2.4 图像缩放

使用缩放工具，每单击该工具一次，都会将图像放大或缩小到下一个预设百分比，并以单击的点为中心显示。在该选项栏中直接单击相关按钮，即可快速缩放图像。选择"缩放工具"🔍，在其选项栏中单击相应的按钮进行设置，如图2-22所示。

图 2-22

按Ctrl+0组合键可按屏幕大小缩放，如图2-23所示。选择"缩放工具"🔍，默认为放大模式，直接单击图像或按Ctrl++组合键放大图像，如图2-24所示。按住Alt键切换至缩小模式，单击图像或按Ctrl+-组合键缩小图像，如图2-25所示。

图 2-23　　　　　　　图 2-24　　　　　　　图 2-25

2.3 选择工具的使用

选择工具是用于选择图像中的特定部分以便进行各种操作的重要工具。这些工具包括移动工具、选框工具组、套索工具组及魔棒工具组等，可以根据不同的需要选择。

2.3.1 移动工具

移动工具是Photoshop中非常基础且重要的工具，主要用于移动图层、选区或参考线。以下是关于移动工具的详细使用方法和技巧。

- 移动图层：选择一个或多个图层，使用该工具单击并拖曳图层，可以改变这些图层在画布上的位置。
- 自由变换：按Ctrl+T组合键，启用自由变换功能，可以对选中的图层进行旋转、缩放、倾斜等操作。
- 对齐和分布：当选中多个图层时，使用选项栏中的对齐和分布按钮可以对齐或平均分布这些图层。
- 选择和移动选区：创建选区后，使用移动工具可以改变选区的位置，而不仅是改变选区内像素的位置。

- 拖曳复制：按住Alt键，同时使用移动工具单击并拖曳图层，可以快速创建图层的副本。

2.3.2　选框工具

Photoshop中的选框工具用于在图像上创建选区，允许用户选择画布上的特定区域，进行复制、剪切、编辑或应用特效等操作。

1. 矩形选框工具

矩形选框工具用于在图像或图层中绘制矩形或正方形选区。选择"矩形选框工具"，单击并拖曳光标，可绘制出矩形选区，如图2-26所示。按住Shift键并拖曳光标，可绘制正方形选区，如图2-27所示。

2. 椭圆选框工具

椭圆选框工具用于在图像或图层中绘制出圆形或椭圆形选区。选择"椭圆选框工具"，单击并拖曳光标，可绘制出椭圆形的选区。按住Shift+Alt键并拖曳光标，以单击点为中心等比例绘制正圆选区，如图2-28所示。

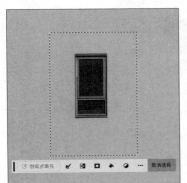
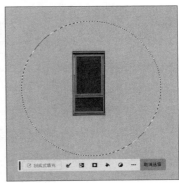

图 2-26　　　　　　　　图 2-27　　　　　　　　图 2-28

2.3.3　套索工具

套索工具组中的工具包括套索工具、多边形套索工具及磁性套索工具，用于快速、准确地创建各种不规则形状的选区。

1. 套索工具

套索工具用于创建较为随意、不需要精确边缘的选区。选择"套索工具"，按住鼠标拖曳进行绘制，如图2-29所示，释放鼠标即可创建选区，如图2-30所示。按住Shift键可增加选区，按Alt键可减去选区。

2. 多边形套索工具

多边形套索工具用于创建具有直线边缘的不规则多边形选区。选择"多边形套索工具"，单击创建选区的起始点，沿要创建选区的轨迹依次单击，移动到起始点后，光标变成形状，单击即创建出需要的选区，如图2-31所示。若不回到起点，在任意位置双击也会自动在起点和终点间生成一条连线，作为多边形选区的最后一条边，如图2-32所示。

图 2-29

图 2-30

图 2-31

图 2-32

3. 磁性套索工具

磁性套索工具可基于图像的边缘信息自动创建选区。选择"磁性套索工具" ，在图像窗口中需要创建选区的位置单击，确定选区起始点，沿选区的轨迹拖曳光标，系统将自动在光标移动的轨迹上选择对比度较大的边缘产生节点，如图2-33所示。当光标回到起始点变为 形状时单击，即可创建出精确的不规则选区，如图2-34所示。

图 2-33

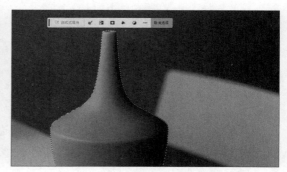

图 2-34

2.3.4 魔棒工具组

魔棒工具组包括对象选择工具、魔棒工具及快速选择工具，有助于用户更方便快捷地选择图像中的特定区域或对象。

1. 对象选择工具

　　对象选择工具是一种更智能的选区创建工具。可以通过简单地框选主体对象生成精确的选区，适用于选择具有清晰边缘和明显区分于背景的对象。在选项栏中设置一种选择模式并定义对象周围的区域。选择"矩形"模式，拖曳光针可定义对象或区域周围的矩形区域，如图2-35所示。选择"套索"模式在对象的边界或区域外绘制一个粗略的套索，如图2-36所示。释放鼠标即可选择主体，如图2-37所示。

图 2-35　　　　　　　　　　图 2-36　　　　　　　　　　图 2-37

2. 快速选择工具

　　快速选择工具可以利用可调整的圆形笔尖，根据颜色的差异快速绘制出选区，适用于选择具有清晰边缘和明显区分于背景的对象。选择"快速选择工具"，在选项栏中设置画笔的大小，按"]"键可增大快速选择工具画笔笔尖的大小；按"["键可减小快速选择工具画笔笔尖的大小。拖曳创建选区时，其选取范围会随着光标移动而自动向外扩展，并自动查找和跟随图像中定义的边缘，如图2-38所示。按住Shift和Alt键可增减选区大小，如图2-39所示。

图 2-38　　　　　　　　　　　　　　图 2-39

3. 魔棒工具

　　魔棒工具适用于选择背景单一、颜色对比明显的图像区域。可单击图像中的某个颜色区域快速选择与该颜色相似的区域。选择"魔棒工具"，当其光标变为形状时单击，即可快速创建选区，如图2-40所示。按住Shift和Alt键可增减选区大小，如图2-41所示。

图 2-40

图 2-41

动手练 快速抠图并导出

📎 **素材位置：本书实例\第2章\快速抠图并导出\盆栽.png**

本练习将介绍抠图操作，主要运用的知识包括图层的转换，魔棒工具、套索工具的使用，以及文件的导出等。具体操作过程如下。

步骤01 将素材文件拖放至Photoshop，如图2-42所示。

步骤02 在"图层"面板中将背景图层转换为普通图层，如图2-43所示。

图 2-42

图 2-43

步骤03 选择"魔棒工具"单击背景创建选区，如图2-44所示。

步骤04 按Delete键删除选区，按Ctrl+D组合键取消选区，如图2-45所示。

图 2-44

图 2-45

步骤05 使用"魔棒工具"分别单击阴影部分创建选区,按Delete键删除选区,按Ctrl+D组合键取消选区,如图2-46所示。

步骤06 选择"套索工具"沿最右侧图像边缘绘制选区,如图2-47所示。

图 2-46

图 2-47

步骤07 按Ctrl+X组合键剪切,按Ctrl+V组合键粘贴,移至最右侧,如图2-48所示。

步骤08 选择"套索工具"沿最左侧图像边缘绘制选区,剪切粘贴后移至最左侧,如图2-49所示。

图 2-48

图 2-49

步骤09 按Ctrl+R组合键显示,创建参考线,如图2-50所示。

步骤10 选择"切片工具",单击选项栏中的"基于参考线创建切片"按钮,如图2-51所示。

图 2-50

图 2-51

步骤11 执行"文件"|"导出"|"存储为Web所用格式"命令，导出为PNG格式图像，如图2-52所示。

仙人掌_01　　　　仙人掌_02　　　　仙人掌_03

图 2-52

2.4 选区的编辑

选区的基础操作涉及对图像中特定区域的选取、修改和调整，具体包括选区的选择与反选、扩展与收缩、平滑与羽化选区。

2.4.1 选区的运算

选择任意一个选框工具，可在选项栏的"选区选项" ▣▣▣▣ 中精确地创建和调整选区，该按钮组从左至右分别为新选区、添加到选区、从选区中减去及与选区交叉。

- 新选区▣：默认选择，表示每次创建选区时都会取消之前的选区。
- 添加到选区▣：表示将当前创建的选区添加到已存在的选区，形成一个更大的选区，可以通过按住Shift键实现。
- 从选区减去▣：表示从当前创建的选区中减去已存在的选区，形成一个更小的选区，可以通过按住Alt键实现。
- 与选区交叉▣：表示只保留当前创建选区与已存在选区相交的部分，可以通过按住Shift+Alt组合键实现。

2.4.2 选区的修改

选区的修改用于精确控制图像中被编辑或应用效果的区域。以下是选区修改的一些常见方法和技巧。

1. 反选选区

反选选区是指快速选择当前选区外的其他图像区域，而当前选区不再被选择。创建选区后，如图2-53所示。执行"选择"|"反选"命令，单击上下文任务栏中的▣按钮，或按Ctrl+Shift+I组合键，原先选中的区域被取消，而原先未选中的区域被选中，如图2-54所示。

2. 扩展与收缩选区

扩展与收缩选区用于调整选区的大小和范围。

使用选区工具创建选区，如图2-55所示，单击上下文任务栏中的▣按钮，在弹出的菜单中选择"扩展选区"选项；或执行"选择"|"修改"|"扩展"命令，在弹出的"扩展选区"对话框中设置扩展量为20像素，应用效果如图2-56所示。

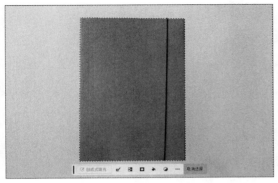
图 2-53

图 2-54

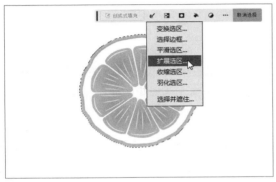
图 2-55

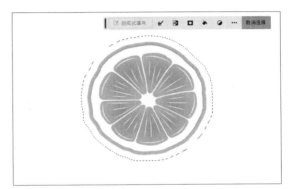
图 2-56

相对扩展选区而言，收缩选区是指将现有选区的边界向内收缩一定的像素值。

3. 平滑和羽化选区

平滑选区主要用于消除选区边缘的锯齿状外观，使边缘变得更加平滑和连续。使用选区工具创建选区，如图2-57所示，单击上下文任务栏中的☑按钮，在弹出的菜单中选择"平滑选区"选项，并在弹出的"平滑选区"对话框中设置取样半径为50像素，应用效果如图2-58所示。

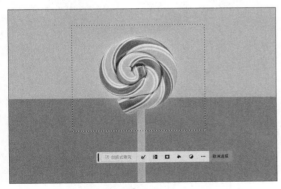
图 2-57

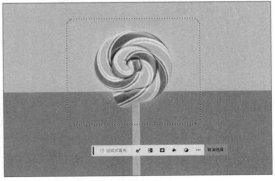
图 2-58

羽化选区通过在选区边缘创建一个渐变效果，使选区与周围像素的融合更加自然。创建选区后单击上下文任务栏中的☑按钮，在弹出的菜单中选择"羽化选区"选项，再在弹出的"羽化选区"对话框中设置羽化半径为20像素，应用效果如图2-59所示。

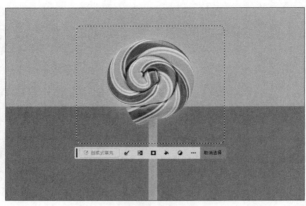

图 2-59

2.4.3 选区的变换

选区的变换涉及"变换选区"和"自由变换"两种不同的操作。变换选区主要用于调整选区的位置和形状，自由变换则用于对整个图层或选区进行更灵活和多样化的变换操作。

1. 变换选区

变换选区是对已创建的选区进行变换，而不影响原始图像。使用选区工具创建选区后，执行"选择"|"变换选区"命令；或在选区上右击，在弹出的菜单中选择"变换选区"选项，选区的四周出现调整控制框，如图2-60所示。移动控制框上的控制点可以对选区进行缩放、旋转、斜切等变换操作，默认情况下为等比缩放，如图2-61所示。

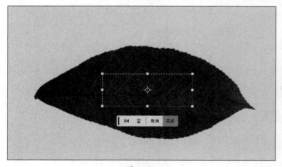

图 2-60

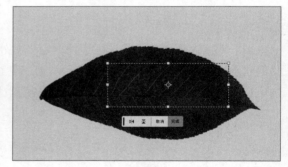

图 2-61

2. 自由变换

自由变换是对整个图层或图层中的特定部分进行变换，而不仅仅是选区，它会直接影响原始图像，如图2-62所示。自由变换可对图层或选区进行更灵活和多样化的变换，如缩放、旋转、斜切、扭曲、透视等。

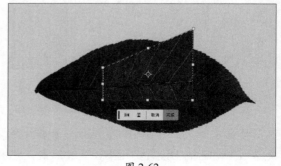

图 2-62

动手练 更换图像背景

素材位置：**本书实例\第2章\更换图像背景\原图.jpg和背景素材.jpg**

本练习将介绍图像的背景更换方法，主要运用的知识包括快速选择工具的使用、选区的调整，以及图像的置入等。具体操作过程如下。

步骤01 将素材文件拖放至Photoshop，如图2-63所示。

步骤02 在"图层"面板中单击🔒图标，解锁背景图层，如图2-64所示。

图 2-63

图 2-64

步骤03 选择"快速选择工具"拖曳创建选区，分别按住Shift键或Alt键调整选区，如图2-65所示。

步骤04 单击上下文任务栏中的✅按钮，在弹出的菜单中选择"扩展选区"选项，再在"扩展选区"对话框中设置扩展量为2，如图2-66所示。

图 2-65

图 2-66

步骤05 单击"确定"按钮，应用扩展效果，随后按Delete键删除选区，按Ctrl+D组合键取消选区，如图2-67所示。

步骤06 将背景素材置入文档，在"图层"面板中调整顺序，最终效果如图2-68所示。

图 2-67

图 2-68

2.5 形状工具的使用

形状工具组中的工具包括矩形工具、椭圆工具、三角形工具、多边形工具、直线工具及自定形状工具，可以轻松创建和编辑各种几何形状，如矩形、椭圆、多边形等。

2.5.1 矩形工具

矩形工具可以绘制矩形、圆角矩形及正方形。选择"矩形工具" □并拖曳鼠标可绘制任意大小的矩形，拖曳内部的控制点可调整圆角半径。在画板中单击，再在弹出的"创建矩形"对话框中设置宽度、高度及半径等参数，如图2-69、图2-70所示。

图 2-69

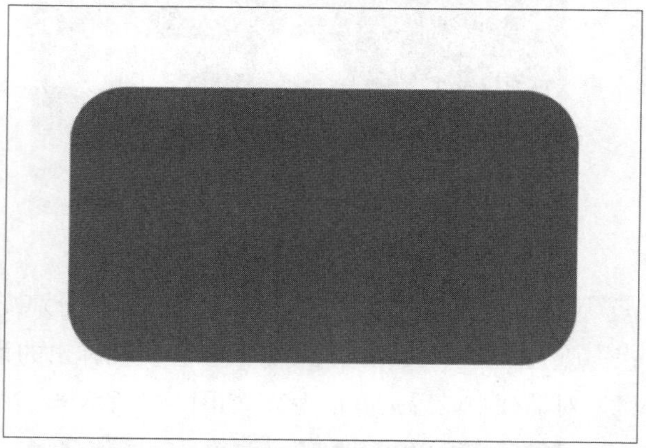

图 2-70

✅知识点拨 选择任意形状工具，单击后按住Alt键，可以以鼠标为中心绘制矩形；按住Shift+Alt组合键，可以以鼠标为中心绘制正方形。

2.5.2 椭圆工具

椭圆工具可用于绘制椭圆形和正圆。选择"椭圆工具" ○并拖曳可绘制任意大小的椭圆形；按住Shift键的同时拖曳鼠标可绘制正圆，如图2-71所示。在画板中单击，再在弹出的"创建矩形"对话框中设置宽度和高度，如图2-72所示。

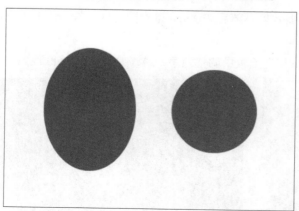

图 2-71

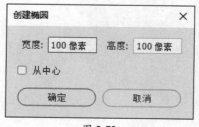

图 2-72

2.5.3　三角形工具

三角形工具可用于绘制三角形。选择"三角形工具"△并拖曳鼠标可绘制三角形，按住Shift键可绘制等边三角形，拖曳内部的控制点可调整圆角半径，如图2-73所示。在画板中单击，再在弹出的"创建三角形"对话框中设置宽度、高度、等边及圆角半径等参数，如图2-74所示。

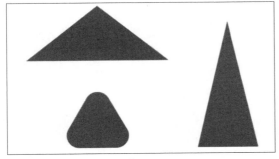

图 2-73　　　　　　　　　　　　　　　　　图 2-74

2.5.4　多边形工具

多边形工具可用于绘制正多边形（最少为3边）和星形。选择"多边形工具"⬡，在选项栏中设置边数，按住鼠标左键并拖曳即可绘制。在画板中单击，再在弹出的"创建多边形"对话框中设置宽度、高度、边数、圆角半径及星星比例等参数，如图2-75所示。图2-76所示为平滑缩进与不缩进效果的对比。

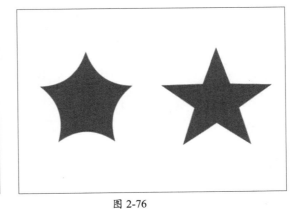

图 2-75　　　　　　　　　　　　　　　图 2-76

2.5.5　直线工具

直线工具可用于绘制直线和带有箭头的路径。选择"选择直线工具"╱，在选项栏中单击"描边选项"，再在"描边选项"面板中设置描边的类型，如图2-77所示。单击"更多选项"按钮，在弹出的"描边"对话框中设置参数，如图2-78所示。

- 预设：从实线、虚线、点线中选择，或者单击更多选项，创建自定义直线预设。
- 对齐：选择居中或外部。如果选择内部对齐方式，则不会显示描边粗细。
- 端点：从下列三种线段端点形状中选择：端面、圆形或方形。线段端点形状决定线段起点和终点的形状。

- **虚线**：可通过设置构成虚线这一重复图案的虚线数和间隙数数值，自定义虚线的外观。

图 2-77

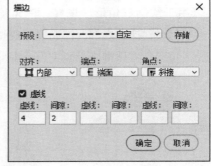

图 2-78

2.5.6　自定形状工具

自定义形状工具用于绘制系统自带的不同形状。选择"自定形状工具" ，单击选项栏中的 图标，可选择预设自定形状，如图2-79所示。执行"窗口"|"形状"命令，弹出"形状"面板，单击"菜单"按钮 ，在弹出的菜单中选择"旧版形状及其他"选项，即可添加旧版形状，如图2-80、图2-81所示。

图 2-79

图 2-80

图 2-81

动手练 制作搜索框

📎 **素材位置**：**本书实例\第2章\制作搜索框\搜索框**

本练习制作一款简洁的搜索框，主要运用的知识包括矩形工具和自定形状工具的使用。具体操作过程如下。

步骤01 新建文档，选择"矩形工具"，绘制圆角矩形并填充颜色，如图2-82所示。

步骤02 在"属性"对话框中设置圆角半径，如图2-83所示。

图 2-82

图 2-83

步骤03 效果如图2-84所示。

图 2-84

步骤04 选择"矩形工具",绘制圆角矩形并填充白色,如图2-85所示。

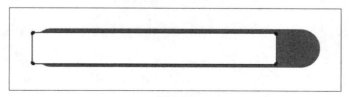

图 2-85

步骤05 在"属性"对话框中设置圆角半径,如图2-86所示。

步骤06 调整位置,如图2-87所示。

图 2-86

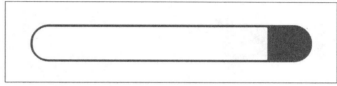

图 2-87

步骤07 选择"自定形状工具",在属性栏中选择"搜索",按住Shift键绘制并填充白色,如图2-88所示。

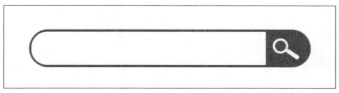

图 2-88

步骤08 输入文字,如图2-89所示。

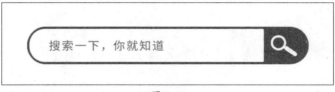

图 2-89

至此该案例制作完成。

Ps+Ai

Photoshop+Illustrator

第3章
图层的应用

本章将对图层的相关知识进行讲解，包括图层的类型、图层面板、图层的基本操作及图层的高级操作。了解并掌握这些基础知识，可以帮助用户更有效地组织和管理图像，提高编辑的效率和灵活性。

 要点难点

- 图层的类型
- 图层面板的使用
- 图层的混合模式
- 图层样式的应用

3.1 图层的概述

在Photoshop中，每个图层包含图像的一部分，这些图层可以单独编辑、移动、隐藏或修改，不会影响其他图层。

3.1.1 图层的类型

常见的图层类型包括背景图层、常规图层、智能对象图层、形状图层、文本图层、蒙版图层及调整图层等。

1. 背景图层

背景图层是一个不透明的图层，如图3-1所示，以背景色为底色，通常在新建文档时自动产生。按住Alt键双击，可将背景图层转换为常规图层，如图3-2所示。背景图层无法更改顺序、混合模式和不透明度，并被强行锁定。如果新建包含透明内容的新图像，则没有背景图层，如图3-3所示。

图 3-1

图 3-2

图 3-3

2. 常规图层

最普通的一种图层在Photoshop中显示为透明。可以根据需要在普通图层上随意添加与编辑图像。选中该图层，执行"图层"|"新建"|"背景图层"命令，可将所选图层转换为背景图层。

3. 智能对象图层

包含栅格或矢量图像中图像数据的图层，将保留图像的源内容及其所有原始特性，对图层进行非破坏性编辑。选择图层后右击，在弹出的菜单中选择"转换为智能对象"选项，即可将图层转换为智能对象图层，如图3-4所示。

4. 蒙版图层

蒙版层是一种特殊的图层，用于遮盖或显示图像层的部分内容。蒙版层上的白色区域会显示图像层的内容，黑色区域会隐藏图像层的内容，灰色区域则以不同的透明度显示图像层的内容，如图3-5所示。

5. 形状图层

形状图层是用于绘制矢量图形的图层。在形状图层上，可以使用各种形状工具绘制形状，且这些形状是矢量的，可以进行缩放、旋转等变换而不会失真，如图3-6所示。

图 3-4

图 3-5

图 3-6

6. 文本图层

选择"文字"工具在图像中输入文字时，系统将自动创建一个文字图层，如图3-7所示。若执行"文字变形"命令，则生成变形文字图层。

7. 调整图层

调整图层用于对图像进行色彩、亮度、对比度等的调整。调整图层不会直接修改图像层的内容，而是通过在调整图层上应用各种调整效果改变图像层的显示效果，如图3-8所示。

8. 填充图层

填充图层是一种包含纯色、渐变或图案的图层，可以转换为调整图层，如图3-9所示。它可以覆盖图像层的内容，或者与其他图层混合以达到特定的效果。

9. 图层组

图层组是一种将多个图层组合在一起的图层类型。通过创建图层组可以更方便地管理和组织图层，对它们进行统一的操作。

图 3-7

图 3-8

图 3-9

✅**知识点拨** 通过"栅格化图层"选项可将智能对象图层、蒙版图层、形状图层、文字图层等转换为常规图层。

3.1.2 图层面板简介

图层面板是Photoshop中用于管理和编辑图层的界面。执行"窗口"|"图层"命令，弹出"图层"面板，如图3-10所示。在该面板中，可以查看所有打开的图层，并对它们进行各种操作，如新建、删除、复制、合并等。

该面板中主要选项的功能如下。

- 打开面板菜单 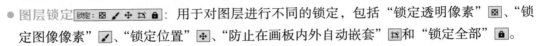：单击该图标，可以打开"图层"面板的设置菜单。
- 图层滤镜 Q类型：可以使用图层面板顶部的滤镜选项查找复杂文档中的关键图层。可以选择类型、名称、效果、模式或画板等选项显示图层的子集。
- 混合模式：设置图层的混合模式。
- 不透明度：设置当前图层的不透明度。
- 图层锁定 锁定：用于对图层进行不同的锁定，包括"锁定透明像素"、"锁定图像像素"、"锁定位置"、"防止在画板内外自动嵌套"和"锁定全部"。
- 填充不透明度 填充：100%：可以在当前图层中调整某个区域的不透明度。
- 指示图层可见性：用于控制图层显示或者隐藏，隐藏状态下的图层无法编辑。
- 图层缩览图：指图层图像的缩小图，方便确定要调整的图层。
- 图层名称：设置图层的名称，双击图层可自定义图层名称。
- 图层按钮组：图层面板底端的7个按钮分别为"链接图层"、"添加图层样式"、"图层蒙版"、"创建新的填充或调整图层"、"创建新组"、"创建新图层"和"删除图层"。

图 3-10

3.2 图层的基本操作

图层编辑是图像处理中不可或缺的一部分。通过掌握图层的编辑技巧和作用，可以更高效地进行设计和编辑工作，创作出更具创意和吸引力的作品。

3.2.1 创建图层与图层组

若在当前图像中绘制新的对象，通常需要创建新的图层，新图层将出现在"图层"面板中选定图层的上方，或选定组内。

执行"图层"|"新建"|"图层"命令，或按Ctrl+Shift+N组合键，弹出"新建图层"对话框，如图3-11所示。设置参数后，单击"确定"按钮，即可生成新的图层，新的图层会自动成为当前图层，如图3-12所示。除此之外，还可直接单击"图层"面板底部的"创建新图层"按钮，快速创建一个透明图层。

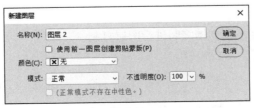

图 3-11

图 3-12

图层组可以将多个图层组合在一起，形成一个独立的单元，有助于组织项目并保持"图层"面板整洁有序。执行"图层"|"新建"|"从图层建立组"命令，弹出"从图层新建组"对话框，如图3-13所示。设置参数，即可为选定的图层创建组，如图3-14所示。

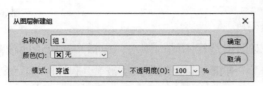

图 3-13　　　　　　　　　　　　　　　图 3-14

执行"图层"|"新建"|"组"命令，创建组，新建的图层会显示在该组内，如图3-15所示。选中图层，单击"图层"面板底部的"创建新组"按钮，快速创建图层组，如图3-16所示。

图 3-15　　　　　　　　　　　图 3-16

3.2.2　删除图层

对于不需要的图层，可进行删除。删除图层主要包括以下3种方法。

- 选中目标图层，按Delete键删除。
- 选中目标图层，拖曳至"删除图层"按钮🗑；或选中目标图层，直接单击"删除图层"按钮🗑。
- 选中目标图层，右击鼠标，在弹出的菜单中选择"删除图层"选项，弹出提示框，单击"是"按钮，如图3-17所示。

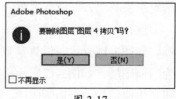

图 3-17

3.2.3　复制图层

可以在同文档中复制图层，也可以在不同文档之间进行图层复制。

1. 在同文档中复制图层

- 选中目标图层，按Ctrl+J组合键。
- 选中目标图层，拖曳至"创建新图层"按钮，如图3-18、图3-19所示。

　　　　　图 3-18　　　　　　　　　　　　　图 3-19

- 按住Alt键，当光标变为双箭头图标▶时，移动复制指定图形。

2. 在不同文档中复制图层

- 在源文档中，使用"选择工具"，将图像拖曳至目标文档。
- 在源文档的"图层"面板中，选中图像图层，拖曳至目标文档。
- 在源文档中，按Ctrl+C组合键复制图层；在目标文档中，按Ctrl+V组合键粘贴图像图层。

3.2.4　合并图层

　　图层的合并有助于整理和组织图层，还可以实现一些特殊效果。

1. 合并图层

　　合并图层时，顶部图层上的数据可替换其覆盖的底部图层上的任何数据。在合并后的图层中，所有透明区域的交叠部分都会保持透明。可以在图层上应用以下合并操作。

- 向下合并：合并两个相邻的可见图层，执行"图层"|"向下合并层"命令，或按Ctrl+E组合键。
- 合并可见图层：将图层中可见的图层合并至一个图层，而隐藏的图像保持不动。执行"图层"|"合并可见图层"命令，或按Shift+Ctrl+E组合键。
- 拼合图像：对所有可见图层进行合并，丢弃隐藏的图层。执行"图层"|"拼合图像"命令，可将所有处于显示状态的图层合并至背景图层。若有隐藏的图层，拼合图像时会弹出提示对话框，询问是否扔掉隐藏的图层，单击"确定"按钮即可。

✔**知识点拨** 合并后的图层将不再保留原有的图层信息，在进行合并操作前，可先对图层进行备份。

3.2.5　重命名图层

　　在图层较多的文档中，修改图层名称及其显示颜色，有助于快速寻找到相应的图层。

　　修改图层主要有以下几种方法。

- 执行"图层"|"重命名图层"命令。
- 选中目标图层，右击，在弹出的菜单中选择"重命名图层"选项。
- 双击目标图层，激活名称输入框，如图3-20所示。输入名称，按Enter键即可，如图3-21所示。

图 3-20

图 3-21

3.2.6　锁定/解锁图层

可以选择完全或部分锁定图层以保护其内容。"图层"面板中常用的锁定按钮功能如下。

- 锁定透明像素▨：单击该按钮，将编辑范围限制在图层的不透明部分。
- 锁定图像像素✎：单击该按钮，防止使用绘画工具修改图层的像素。
- 锁定位置✛：单击该按钮，防止图层的像素移动。
- 锁定全部🔒：单击该按钮，该图层或组不能进行任何操作。锁定组中的图层将显示一个灰色的锁定图标，如图3-22所示。锁定组中的图层不可单独解锁，单击灰色锁定图层，会弹出提示框，如图3-23所示。可直接单击组名称后的锁定图标进行解锁。

图 3-22

图 3-23

✅知识点拨 对于文字和形状图层，锁定透明度和锁定图像选项在默认情况下均处于选中状态，且不能取消选择。

3.2.7　图层的对齐与分布

在图像编辑过程中，常常需要对多个图层进行对齐或分布排列。

1. 对齐图层

对齐图层是指将两个或两个以上的图层按一定规律进行对齐排列，以当前图层或选区为基础，在相应方向上对齐。执行"图层"|"对齐"菜单中相应的命令即可，如图3-24所示。

- 顶边：将选定图层上的顶端像素与所有选定图层上最顶端的像素对齐，或与选区边框的顶边对齐。

- **垂直居中对齐**：将每个选定图层上的垂直中心像素与所有选定图层的垂直中心像素对齐，或与选区边框的垂直中心对齐。
- **底边**：将选定图层上的底端像素与选定图层上最底端的像素对齐，或与选区边界的底边对齐。
- **左边**：将选定图层上的左端像素与最左端图层的左端像素对齐，或与选区边界的左边对齐。
- **水平居中对齐**：将选定图层上的水平中心像素与所有选定图层的水平中心像素对齐，或与选区边界的水平中心对齐。
- **右边**：将链接图层上的右端像素与所有选定图层上的最右端像素对齐，或与选区边界的右边对齐。

2. 分布图层

分布图层是指将3个以上的图层按一定规律在图像窗口中进行分布。选中多个图层，执行"图层"|"分布"菜单中相应的命令即可，如图3-25所示。

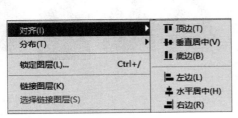

图 3-24

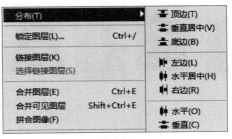

图 3-25

- **顶边**：从每个图层的顶端像素开始，间隔均匀地分布图层。
- **垂直居中对齐**：从每个图层的垂直中心像素开始，间隔均匀地分布图层。
- **底边**：从每个图层的底端像素开始，间隔均匀地分布图层。
- **左边**：从每个图层的左端像素开始，间隔均匀地分布图层。
- **水平居中对齐**：从每个图层的水平中心开始，间隔均匀地分布图层。
- **右边**：从每个图层的右端像素开始，间隔均匀地分布图层。
- **水平**：在图层之间均匀分布水平间距。
- **垂直**：在图层之间均匀分布垂直间距。

> **知识点拨** 使用"选择工具"选择需要调整的图层，即可激活选项栏中的对齐与分布按钮，单击相应的按钮，即可快速对图像进行对齐和分布。

动手练 制作个人证件照

素材位置：**本书实例\第3章\制作个人证件照\大头像.jpg**

本练习将介绍个人证件照的制作，主要运用的知识包括文档的新建、图像的置入、图层的复制、图层组的创建，以及对齐分布等。具体操作过程如下。

步骤01 新建宽为5英寸、高为3.5英寸的文档，如图3-26所示。

步骤02 置入素材图像，并调整至左侧，如图3-27所示。

图 3-26　　　　　　　　　　　　　　图 3-27

步骤03 按住Alt键移动复制3次，如图3-28所示。

步骤04 框选4个图像，在选项栏中单击"水平分布"按钮，如图3-29所示。

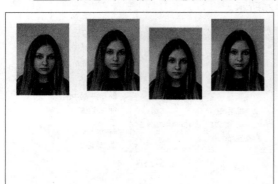

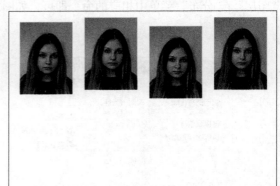

图 3-28　　　　　　　　　　　　　　图 3-29

步骤05 单击"垂直居中对齐"按钮，如图3-30所示。

步骤06 按住Alt键向下移动复制，如图3-31所示。

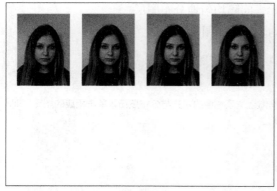

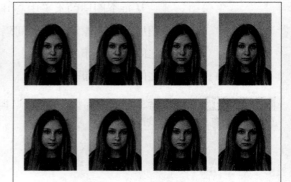

图 3-30　　　　　　　　　　　　　　图 3-31

步骤07 按Ctrl+G组合键创建组，如图3-32所示。

步骤08 按住Shift键加选背景图层，分别单击选项栏中的"水平居中对齐"按钮和"垂直居中对齐"按钮，如图3-33所示。

至此一版标准的证件照制作完成。

图 3-32

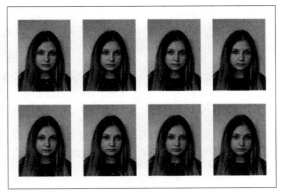

图 3-33

3.3 图层的高级操作

图层的高级操作包括图层的常规混合、高级混合及图层样式，这些操作有助于设计师实现更丰富、更独特的设计效果。

3.3.1 图层的常规混合

图层的常规混合主要涉及图层之间的基本合成方式。在Photoshop中，每个图层都有一个默认的混合模式，即"正常"模式。此外，还提供了多种其他混合模式，可分为6组，共27种，如表3-1所示。

表3-1

模式类型	混合模式	功能描述
组合模式	正常	该模式为默认的混合模式
	溶解	编辑或绘制每个像素，使其成为结果色。调整图层的不透明度，显示为像素颗化效果
加深模式	变暗	查看每个通道中的颜色信息，并选择基色或混合色中较暗的颜色作为结果色
	正片叠底	查看每个通道中的颜色信息，并将基色与混合色进行正片叠底
	颜色加深	查看每个通道中的颜色信息，并通过增加二者之间的对比度使基色变暗以反映混合色
	线性加深	查看每个通道中的颜色信息，并通过减小亮度使基色变暗以反映混合色
	深色	比较混合色和基色的所有通道值的总和并显示值较小的颜色，不会产生第三种颜色
减淡模式	变亮	查看每个通道中的颜色信息，并选择基色或混合色中较亮的颜色作为结果色
	滤色	查看每个通道中的颜色信息，并将混合色的互补色与基色进行正片叠底
	颜色减淡	查看每个通道中的颜色信息，并通过减小二者之间的对比度使基色变亮以反映混合色

（续表）

模式类型	混合模式	功能描述
减淡模式	线性减淡（添加）	查看每个通道中的颜色信息，并通过增加亮度使基色变亮以反映混合色
	浅色	比较混合色和基色的所有通道值的总和并显示值较大的颜色
对比模式	叠加	对颜色进行正片叠底或过滤，具体取决于基色。图案或颜色在现有像素上叠加，同时保留基色的明暗对比
	柔光	使颜色变暗或变亮，具体取决于混合色。若混合色（光源）比50%灰色亮，则图像变亮；若混合色（光源）比50%灰色暗，则图像加深
	强光	该模式的应用效果与柔光类似，但其加亮与变暗的程度比柔光模式强很多
	亮光	通过增加或减小对比度来加深或减淡颜色，具体取决于混合色。若混合色（光源）比50%灰色亮，则通过减小对比度使图像变亮，相反则变暗
	线性光	通过减小或增加亮度来加深或减淡颜色，具体取决于混合色。若混合色（光源）比50%灰色亮，则通过增加亮度使图像变亮，相反则变暗
	点光	根据混合色替换颜色。若混合色（光源）比50%灰色亮，则替换比混合色暗的像素，而不改变比混合色亮的像素，相反则保持不变
	实色混合	此模式会将所有像素更改为主要的加色（红、绿或蓝）、白色或黑色
比较模式	差值	查看每个通道中的颜色信息，并从基色中减去混合色，或从混合色中减去基色，具体取决于哪个颜色的亮度值更大
	排除	创建一种与"差值"模式相似但对比度更低的效果。与白色混合将反转基色值，与黑色混合则不发生变化
	减去	查看每个通道中的颜色信息，并从基色中减去混合色
	划分	查看每个通道中的颜色信息，并从基色中划分混合色
色彩模式	色相	用基色的明亮度和饱和度及混合色的色相创建结果色
	饱和度	用基色的明亮度和色相及混合色的饱和度创建结果色
	颜色	用基色的明亮度及混合色的色相和饱和度创建结果色
	明度	用基色的色相和饱和度及混合色的明亮度创建结果色

3.3.2 图层的高级混合

图层的高级混合涉及更多的参数和设置，可提供更精细的控制和更丰富的效果，例如不透明度与填充不透明度。

不透明度选项控制着整个图层的透明属性，包括图层中的形状、像素及图层样式，其透明度值范围为0%～100%。默认状态下，图层的不透明度为100%，该图层的内容完全可见，没有任何透明效果，如图3-34所示。当不透明度设置为0%时，该图层将完全透明，其内容不可见，如图3-35所示，但图层蒙版或矢量形状等信息仍然存在。

图 3-34　　　　　　　　　　　　　　图 3-35

　　填充不透明度是针对图层内容的一个特定属性。不同于整个图层的不透明度设置，填充不透明度主要影响图层内的填充颜色或图案的可见性，对添加到图层的外部效果（如投影）不起作用，如图3-36、图3-37所示。

图 3-36　　　　　　　　　　　　　图 3-37

3.3.3　图层样式的应用

　　图层样式是一种强大的非破坏性编辑功能，用于为文本、形状或其他图像元素添加一系列视觉特效，而无须直接修改图层内容的像素。使用图层样式可以快速创建具有深度感、光照效果、纹理和质感的复杂设计。

1. 添加图层样式

　　添加图层样式主要包括以下3种方法。

- 执行"图层"|"图层样式"菜单中相应的命令，如图3-38所示。
- 单击"图层"面板底部的"添加图层样式"按钮，在弹出的下拉菜单中选择任一种样式，如图3-39所示。
- 双击需要添加图层样式的图层缩览图或图层。

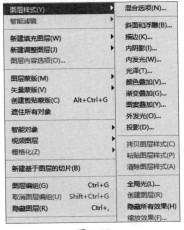

图 3-38　　　　　　　　　图 3-39

2. 图层样式详解

"图层样式"对话框中各主要选项的含义如下。

- **混合选项**：混合选项主要影响图层样式本身（如阴影、发光、斜面和浮雕等）与底层或相邻图层之间的混合方式。
- **斜面和浮雕**：在图层中使用"斜面和浮雕"样式，可以添加不同组合方式的浮雕效果，从而增加图像的立体感。
- **描边**：描边样式指使用颜色、渐变及图案以描绘图像的轮廓边缘。
- **内阴影**：内阴影样式指在紧靠图层内容的边缘向内添加阴影，使图层呈现凹陷的效果。
- **内发光**：内发光样式指沿图层内容的边缘向内创建发光效果，使对象出现些许"凸起感"。
- **光泽**：光泽样式指为图像添加光滑且具有光泽的内部阴影，通常用于制作具有光泽质感的按钮和金属。
- **颜色叠加**：颜色叠加样式指在图像上叠加指定的颜色，可以通过混合模式的修改调整图像与颜色的混合效果。
- **渐变叠加**：渐变叠加样式指在图像上叠加指定的渐变色，不仅能制作出具有多种颜色的对象，更能通过巧妙的渐变颜色设置制作突起、凹陷等三维效果及带有反光质感的效果。
- **图案叠加**：图案叠加样式指在图像上叠加图案，可以通过混合模式的设置将叠加的"图案"与原图进行混合。
- **外发光**：外发光样式指沿图层内容的边缘向外创建发光效果，主要用于制作自发光效果及人像，或其他对象梦幻般的光晕效果。
- **投影**：投影样式可为图层模拟投影效果，增强某部分的层次感及立体感。

 动手练 制作立体字效果

📁 **素材位置**：本书实例\第3章\制作立体文字效果\背景.jpg

本练习将制作一款特别的立体字，主要运用的知识包括文字的创建、填充透明度，以及图层样式的设置。具体操作过程如下。

步骤01 打开素材图像，输入文字并设置参数，如图3-40所示。

步骤02 设置该图层填充不透明度为0%，如图3-41所示。

图 3-40

图 3-41

步骤03 双击该图层，在弹出的"图层样式"对话框中勾选"斜面和浮雕"复选框，设置参数，如图3-42所示。效果如图3-43所示。

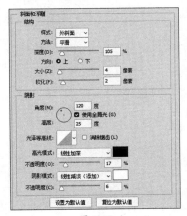

图 3-42　　　　　　　　　　　　　　　　　图 3-43

步骤04 勾选"内阴影"复选框，设置参数，如图3-44所示。效果如图3-45所示。

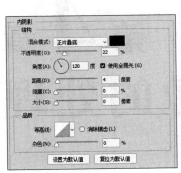
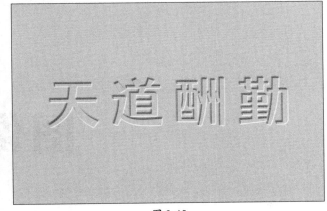

图 3-44　　　　　　　　　　　　　　　　　图 3-45

步骤05 勾选"投影"复选框，设置参数，如图3-46所示。效果如图3-47所示。

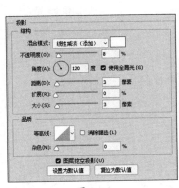

图 3-46　　　　　　　　　　　　　　　　　图 3-47

至此天道酬勤立体字制作完成。

Ps+Ai
Photoshop+Illustrator

第4章
图像的处理

本章将对图像处理的相关知识进行讲解，包括画笔工具组的应用、修复工具组的应用、橡皮擦工具组的应用、历史记录工具组的应用及修饰工具组的应用。了解并掌握这些基础知识，不仅可以修复和改善瑕疵图像，还可以为图像添加更多的创意和个性化元素。

要点难点

- 画笔工具组工具的使用
- 修复工具组工具的使用
- 橡皮擦、历史记录组工具的使用
- 修饰工具组工具的使用

4.1 画笔工具组的使用

画笔工具组的应用场景非常广泛，涵盖了大部分需要绘制和编辑图形的领域。下面对该组中的工具进行详细介绍。

4.1.1 画笔工具

画笔工具是最常用的绘图工具之一，类似于传统的毛笔，可以绘制各种柔和或硬朗的线条，也可以画出预先定义好的图案（笔刷）。选择"画笔工具" ，显示其选项栏，如图4-1所示。

图 4-1

该选项栏中主要选项的功能如下。

● 工具预设 ：实现新建工具预设和载入工具预设等操作。

● "画笔预设"选取器 ：单击 按钮，弹出"画笔预设"选取器，如图4-2所示。可选择画笔笔尖，设置画笔大小和硬度。

● 切换"画笔设置"面板 ：单击 按钮，弹出"画笔设置"面板，如图4-3所示。

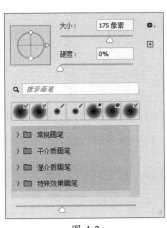

图 4-2

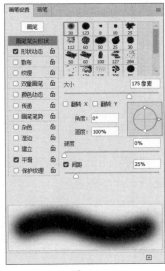

图 4-3

● 模式选项：设置画笔的绘画模式，即绘画时的颜色与当前颜色的混合模式。

● 不透明度：设置使用画笔绘图时所绘颜色的不透明度。数值越小，绘出的颜色越浅，反之越深。

● 流量：设置使用画笔绘图时所绘颜色的深浅。若设置的流量较小，则其绘制效果如同降低透明度，但经过反复涂抹，颜色就会逐渐饱和。

● 平滑：控制绘画时得到图像的平滑度，数值越大，平滑度越高。单击 按钮，可启用一个或多个模式，有拉绳模式、描边补齐、补齐描边末端及调整缩放。

- 设置画笔角度▲：在文本框中设置画笔角度。
- 设置绘画的对称选项▧：单击该按钮，可显示多种对称类型，如垂直、水平、双轴、对角线、波纹、圆形螺旋线、平行线、径向、曼陀罗。

> ✅知识点拨 按住Shift键拖曳鼠标，可以绘制直线（水平、垂直或45°角方向）效果（适用于所有画笔工具组的工具）。

4.1.2 铅笔工具

铅笔工具用于模拟铅笔绘画的风格和效果，可以绘制边缘硬朗、无发散效果的线条或图案。选择"铅笔工具"✏️，显示其选项栏，除了"自动抹掉"选项外，其他选项均与"画笔工具"相同。勾选"自动抹除"复选框，在图像上拖曳时，线条默认为前景色，如图4-4所示。若光标的中心在前景色上，则该区域将抹成背景色，如图4-5所示。同理，若开始拖曳时光标的中心在不包含前景色的区域，则该区域被绘制为前景色。

图 4-4

图 4-5

4.1.3 颜色替换工具

颜色替换工具可以将选定的颜色替换为前景色，并能够保留图像原有材质的纹理与明暗，赋予图像更多的变化。选择"颜色替换工具"🖌️，显示其选项栏，如图4-6所示。

图 4-6

该选项栏中主要选项的功能如下。

- **模式**：用于设置替换颜色与图像的混合方式，包括"色相""饱和度""亮度"和"颜色"4种方式。
- **取样方式**：设置所要替换颜色的取样方式。选择"连续"选项🖌️，可以从笔刷中心所在区域取样，随着取样点的移动不断地取样；选择"一次"选项🖌️，以第一次单击时笔刷中心点的颜色为取样颜色，取样颜色不随鼠标指针的移动而改变；选择"背景色板"选项🖌️，将背景色设置为取样颜色，只替换与背景颜色相同或相近的颜色区域，如图4-7所示。

- **限制**：指定替换颜色的方式。选择"不连续"选项，替换容差范围内所有与取样颜色相似的像素；选择"连续"选项，替换与取样点相接或邻近的颜色相似区域；选择"查找边缘"选项，替换与取样点相连的颜色相似区域，能较好地保留替换位置颜色反差较大的边缘轮廓。

图 4-7

- **容差**：控制替换颜色区域的大小。数值越小，替换的颜色越接近色样颜色，替换的范围也就越小；反之替换的范围越大。
- **消除锯齿**：勾选此复选框，替换颜色时将得到较平滑的图像边缘。

4.1.4　混合器画笔工具

混合器画笔工具用于混合前景色和图像（画布）的颜色，模拟真实的绘画效果。选择"混合器画笔工具" ，显示其选项栏，如图4-8所示。

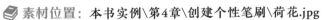

图 4-8

该选项栏中主要选项的功能如下。

- **当前画笔载入** ：单击 色块可调整画笔颜色，单击右侧三角符号可选择"载入画笔""清理画笔"和"只载入纯色"。"每次描边后载入画笔" 和"每次描边后清理画笔" 两个按钮，控制每笔涂抹结束后是否对画笔进行更新和清理。
- **潮湿**：控制画笔从画布拾取的油彩量，较高的设置会产生较长的绘画条痕。
- **载入**：指定储槽中载入的油彩量，载入速率较低时，绘画描边干燥的速度更快。
- **混合**：控制画布油彩量与储槽油彩量的比例。比例为100%时，所有油彩都从画布中拾取；比例为0%时，所有油彩都来自储槽。
- **流量**：控制混合画笔流量的大小。
- **描边平滑度** 10% ：控制画笔抖动。
- **对所有图层取样**：勾选此复选框，拾取所有可见图层中的画布颜色。

动手练 创建个性笔刷

　素材位置：**本书实例\第4章\创建个性笔刷\荷花.jpg**

本练习将介绍笔刷的创建，主要运用的知识包括色彩范围、画笔工具、定义画笔图案等。具体操作过程如下。

步骤01 将素材文件拖放至Photoshop，如图4-9所示。

步骤02 将背景图层解锁为常规图层，如图4-10所示。

图 4-9　　　　　　　　　　　　　图 4-10

步骤03 执行"选择"|"色彩范围"命令，在弹出的"色彩范围"对话框中设置容差为
60%，再在图像中使用"吸管工具"单击背景，如图4-11所示。

步骤04 按回车键应用效果，如图4-12所示。

图 4-11　　　　　　　　　　　　　图 4-12

步骤05 按Delete键删除选区，再按Ctrl+D组合键取消选区，如图4-13所示。

步骤06 执行"编辑"|"定义画笔预设"命令，在弹出的"画笔名称"对话框中设置参数，
如图4-14所示。

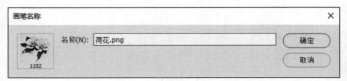

图 4-13　　　　　　　　　　　　　图 4-14

步骤07 使用"画笔工具"设置不同颜色、不同大小的参数，绘制的荷花效果如图4-15所示。至此荷花样式的笔刷制作完成。

图 4-15

4.2 修复工具组的使用

修复工具组主要用于图像修复和瑕疵去除，包含多种工具，如仿制图章工具、图案图章工具、污点修复画笔工具、修复画笔工具、修补工具及内容感知移动工具等。

4.2.1 仿制图章工具

仿制图章工具的功能就像复印机，它能够以指定的像素点为复制基准点，将该基点周围的图像复制到图像中的任意位置。当图像中存在瑕疵或需要遮盖某些信息时，可以使用仿制图章工具进行修复。选择"仿制图章工具"，在选项栏中设置参数，按住Alt键，同时单击要复制的区域进行取样，如图4-16所示。在图像中拖曳鼠标，单击或拖曳仿制图像，如图4-17所示。

图 4-16

图 4-17

4.2.2 图案图章工具

图案图章工具用于复制图案，并对图案进行排列，但需要注意的是，该图案是在复制操作之前定义好的。选择"图案图章工具"，在选项栏选择图案，单击应用，如图4-18所示。若勾选"印象派效果"复选框，则效果如图4-19所示。

图 4-18

图 4-19

4.2.3 污点修复画笔工具

污点修复画笔工具是将图像的纹理、光照和阴影等与所修复的图像进行自动匹配。该工具不需要进行取样定义样本，可在瑕疵处单击，自动从所修饰区域的周围进行取样以修复单击区域。污点修复画笔工具适用于各种类型的图像和瑕疵。选择"污点修复画笔工具" 🖌，在需要修补的位置单击并拖曳鼠标，如图4-20所示。释放鼠标，即可修复绘制的区域，如图4-21所示。

图 4-20

图 4-21

4.2.4 修复画笔工具

修复画笔工具使用智能算法分析周围像素颜色和纹理，快速移除或替换图像中的瑕疵，如划痕、污渍或面部痘痘。只需直接单击或单击并拖曳鼠标，无须预先采样。选择"修复画笔工具" 🖌，按Alt键在源区域单击，对源区域进行取样，如图4-22所示。在目标区域单击并拖曳鼠标，即可将取样的内容复制到目标区域，如图4-23所示。

图 4-22

图 4-23

4.2.5 修补工具

修补工具可以将样本像素的纹理、光照和阴影与源像素进行匹配，适用于修复各种类型的图像缺陷，如划痕、污渍、颜色不均等。选择"修补工具"▦，沿需要修补的部分绘制一个随意性的选区，如图4-24所示。拖曳选区至空白区域，释放鼠标，即可用该区域的图像修补图像，如图4-25所示。

图 4-24 图 4-25

4.2.6 内容感知移动工具

内容识别移动工具用于选择和移动图片的一部分。图像重新组合，留下的空洞用图片中的匹配元素填充，适用于去除多余物体、调整布局或改变对象的位置等。选择"内容感知工具"✂，按住鼠标左键并拖曳画出选区，再在选区中按住鼠标左键拖曳，如图4-26所示。移至目标位置，释放鼠标后按回车键即可，如图4-27所示。

图 4-26 图 4-27

动手练 打造唯美图像

📖 **素材位置：本书实例\第4章\打造唯美图像\花束.jpg**

本练习将介绍如何对图像背景进行修饰处理，主要运用的知识包括污点修复画笔的使用、矩形选框工具、填充，以及混合器画笔工具的使用。具体操作过程如下。

步骤01 打开素材图像，如图4-28所示。

步骤02 选择"污点修复画笔工具"，拖曳绘制，在中间的横线位置单击并拖曳鼠标，如图4-29所示。

图 4-28

图 4-29

步骤03 释放鼠标，即可修复绘制的区域，如图4-30所示。

步骤04 继续使用"污点修复画笔工具"擦除图像中的其他部分，如图4-31所示。

图 4-30

图 4-31

步骤05 选择"矩形选框工具"绘制选区，如图4-32所示。

步骤06 按Ctrl+F5组合键，在弹出的"填充"对话框中设置内容为"内容识别"，如图4-33所示。

图 4-32

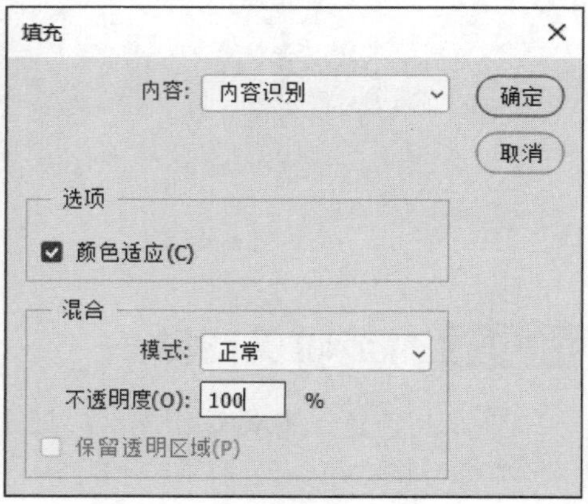

图 4-33

步骤07 按Ctrl+D组合键取消选区，如图4-34所示。

步骤08 使用"混合器画笔工具"涂抹调整背景，使画面更自然，如图4-35所示。

图 4-34　　　　　　　　　　　　　图 4-35

4.3 橡皮擦工具组的使用

橡皮擦工具组的工具主要用于移除图像中不必要的元素或特定区域，从而有效地重塑图像构图、消除不理想的部分及实现创新性视觉编辑效果。

4.3.1 橡皮擦工具

橡皮擦工具主要用于擦除当前图像中的颜色，擦除后的区域将显示为透明或背景色，具体取决于当前图层的设置。橡皮擦工具适用于简单的擦除任务，如去除小瑕疵或不需要的元素。选择"橡皮擦工具"，在背景图层下擦除，擦除的部分显示为背景色，如图4-36所示。在普通图层状态下擦除，擦除的部分为透明，如图4-37所示。

图 4-36　　　　　　　　　　　　　图 4-37

4.3.2 背景橡皮擦工具

背景橡皮擦工具可以擦除指定颜色，并将擦除的区域以透明色填充，适用于去除复杂背景或创建抠图效果。选择"吸管工具"，分别吸取背景色和前景色，前景色为保留的部分，背景色为擦除的部分，如图4-38所示。选择"背景橡皮擦工具"，在图像中涂抹，如图4-39所示。

图 4-38

图 4-39

4.3.3　魔术橡皮擦工具

魔术橡皮擦工具是魔棒工具与背景橡皮擦工具的综合，它是一种根据像素颜色擦除图像的工具，使用魔术橡皮擦工具可以一次性擦除图像或选区中颜色相同或相近的区域，从而得到透明区域。打开素材图像，如图4-40所示。选择"魔术橡皮擦工具" ，在图像中单击擦除图像，如图4-41所示。

图 4-40

图 4-41

动手练 擦除图像背景

📎 **素材位置**：本书实例\第4章\擦除图像背景\艺术照.jpg

本练习将介绍擦除图像背景的操作，主要运用的知识包括吸管工具、背景橡皮擦工具、套索工具的使用及选区的删除等。具体操作过程如下。

步骤01 将素材文件拖曳至Photoshop，选择"吸管工具"，吸取人物的头发为前景色、背景的颜色为背景色，如图4-42所示。

步骤02 选择"背景橡皮擦工具"，在人物头发周围单击擦除，如图4-43所示。

步骤03 选择"吸管工具"，在狗的头处吸取前景色，使用"背景橡皮擦工具"涂抹，擦除该部分上方的背景，如图4-44所示。

步骤04 选择"吸管工具"，在衣服处吸取前景色，使用"背景橡皮擦工具"涂抹，擦除该部分周围的背景，如图4-45所示。

图 4-42

图 4-43

图 4-44

图 4-45

步骤05 选择"套索工具"框选主体，如图4-46所示。

步骤06 按Ctrl+Shift+I组合键反选选区，删除选区后取消选区，如图4-47所示。

图 4-46

图 4-47

4.4 历史记录工具组的使用

历史记录工具组在图像编辑过程中为用户提供了一种非破坏性且有创意的方式，能够在不影响整个图像历史的情况下，局部恢复或创造性地改变图像的某些部分。

4.4.1 历史记录画笔工具

历史记录画笔工具能够充分利用历史记录面板的功能，恢复至图像处理过程中的任意状态，并在此状态下运用类似画笔的工具进行局部恢复或修改。常用于修改错误、精细调整图像或实现非线性编辑。

打开如图4-48所示的素材图像，按Shift+Ctrl+U组合键去色，如图4-49所示。选择"历史记录画笔工具"，在选项栏中设置画笔参数，单击并按住鼠标不放，同时在图像中拖曳需要恢复的位置，光标经过的位置即恢复为上一步中对图像进行操作的效果，而图像中未修改的区域保持不变，如图4-50所示。

图 4-48　　　　　　　图 4-49　　　　　　　图 4-50

4.4.2 历史记录艺术画笔工具

历史记录艺术画笔更侧重于创造性的效果，可以模拟不同的绘画风格，将过去的历史状态以某种艺术手法重新应用于当前图像，产生一种类似传统绘画技法的效果。

打开素材图像，如图4-51所示。选择"历史记录艺术画笔工具"，在其选项栏中的"样式"下拉列表框中，选择笔刷样式，再在区域文本框中设置历史记录艺术画笔描绘的范围，范围越大，影响的范围越大。图4-52所示为使用历史记录艺术画笔工具绘制的图像效果。

图 4-51　　　　　　　　　　　图 4-52

4.5 修饰工具组的使用

修饰工具组的工具用于对图像的特定区域进行精细的调整和修饰，不仅可以改善图像的清晰度、亮度、色调和饱和度等，还可以实现更高级的创意效果。

4.5.1 模糊工具

模糊工具用于柔化图像细节，消除噪点，或者创建平滑过渡效果。在人像摄影中常用于柔焦背景，淡化皮肤瑕疵，或者创建运动模糊效果。打开素材图像，如图4-53所示，选择"模糊工具" ◙，在选项栏中设置参数，将光标移动到需处理的位置，单击并拖曳鼠标进行涂抹，即可应用模糊效果，如图4-54所示。

图 4-53

图 4-54

4.5.2 锐化工具

锐化工具用于增强图像的细节和边缘，提高图像清晰度，尤其适用于拍摄条件或压缩导致的轻微模糊图片。打开素材图像，如图4-55所示，选择"锐化工具" ◬，在选项栏中设置参数，将光标移动到需处理的位置，单击并拖曳鼠标进行涂抹，即可应用锐化效果，如图4-56所示。

图 4-55

图 4-56

✔知识点拨 锐化工具若涂抹强度过大，涂抹时可能出现像素杂色，影响画面效果。

4.5.3　涂抹工具

涂抹工具模拟手指或刷子在湿颜料上的移动，可以混合并扩散颜色边界，制造一种流动或涂抹的效果，常用于抽象艺术表现或模仿手绘风格。打开素材图像，如图4-57所示，选择"涂抹工具"，在选项栏中设置参数，将光标移动到需处理的位置，单击并拖曳鼠标光标进行涂抹，即可应用模拟手绘效果，如图4-58所示。

图 4-57　　　　　　　　　　　　　　　　　　图 4-58

4.5.4　减淡工具

减淡工具用于提高图像局部区域的亮度，即模拟增加曝光的效果，常用于高光区域提亮、纠正暗部细节，或者增加图像局部对比度。

打开素材图像，如图4-59所示，选择"减淡工具"，在选项栏中设置参数，将光标移动到需处理的位置，单击并拖曳鼠标光标进行涂抹以提亮区域颜色，如图4-60所示。

图 4-59　　　　　　　　　　　　　　　　　　图 4-60

4.5.5　加深工具

加深工具用于降低图像局部区域的亮度，模拟减少曝光，可用于强化阴影、减少过曝区域，增加整体图像的对比度。

打开素材图像，如图4-61所示，选择"加深工具"，将鼠标移动到需处理的位置，单击并拖曳光标进行涂抹以增强阴影效果，如图4-62所示。

图 4-61 图 4-62

4.5.6 海绵工具

　　海绵工具专门用于调整图像色彩的饱和度，不改变亮度，可在不影响明暗的情况下使图像色彩变得更饱和或更灰淡。打开素材图像，如图4-63所示，选择"海绵工具" ，在选项栏中设置"去色"模式，将光标移动到需处理的位置，单击并拖曳光标应用去色效果，如图4-64所示。更改为"加色"模式，涂抹效果如图4-65所示。

图 4-63 图 4-64 图 4-65

动手练 制作景深效果

　　📖 **素材位置：本书实例\第6章\制作景深效果\人物照.jpg**

　　本练习将介绍景深效果的制作，主要运用的知识包括套索工具的使用，选区的编辑，模糊命令，模糊工具、加深工具及减淡工具的使用。具体操作过程如下。

　　步骤01 将素材文件拖曳至Photoshop，选择"套索工具"绘制选区，如图4-66所示。

　　步骤02 按Shift+Ctrl+I组合键反选，在弹出的菜单中选择"羽化"选项，再在弹出的对话框中设置羽化值为50，如图4-67所示。

图 4-66 图 4-67

步骤03 选择"模糊工具"拖曳涂抹使其模糊，如图4-68所示。

步骤04 执行"滤镜"|"模糊"|"动感模糊"命令，在弹出的对话框中设置参数，如图4-69所示。

图 4-68

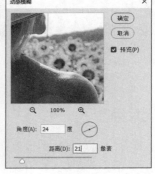
图 4-69

步骤05 按Ctrl+D组合键取消选区。选择"历史记录画笔工具"，在选项栏设置不透明度为20%，再在人物边缘处涂抹，使模糊效果过渡得更自然，如图4-70所示。

步骤06 选择"加深工具"，在选项栏设置范围为"中间调"，曝光度为10%，在图像上均匀涂抹增强对比，如图4-71所示。

图 4-70

图 4-71

步骤07 在选项栏将范围更改为"阴影"，再在图像四周进行涂抹加深，如图4-72所示。

步骤08 选择"减淡工具"，在选项栏设置范围为"中间调"，曝光度为10%。再在人物所在之处涂抹减淡，如图4-73所示。

至此景深效果的制作完成。

图 4-72

图 4-73

Ps+Ai

Photoshop+Illustrator

第5章
图像色彩的调整

本章将对图像的色彩调整进行讲解，包括图像色彩分布的查看，图像的色调、图像的色彩及特殊颜色效果的调整。了解并掌握这些基础知识，可以更准确地体现图像的立体感和深度，增强画面的视觉冲击力。

 要点难点

- 图像色彩分布的查看方法
- 图像色调的调整方法
- 图像色彩的特殊调整方法
- 调整图层的创建与智能对象的转换

5.1 图像色彩分布的查看

在Photoshop中，信息面板、直方图面板及颜色取样器工具提供了关于图像颜色信息的详细数据，有助于更好地理解和处理图像。

5.1.1 "信息"面板

信息面板提供了关于当前图像或工作区中光标所指位置的详细信息，如颜色信息、坐标信息、文档大小及额外信息。当光标移动至图像的任意位置时，图5-1所示的"信息"面板中会显示相应的信息数值，如图5-2所示。

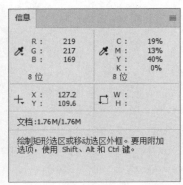

图 5-1   图 5-2

5.1.2 "直方图"面板

直方图用图形表示图像每个亮度级别的像素数量，展示像素在图像中的分布情况。直方图用于确定某个图像是否有足够的细节进行良好的校正。执行"窗口"|"直方图"命令，默认情况下，"直方图"面板将以"紧凑视图"形式打开，并且没有控件或统计数据，如图5-3所示。单击"菜单"按钮，在弹出的菜单中可以选择"扩展视图"命令（效果如图5-4所示）以及"全部通道视图"命令调整视图，效果如图5-5所示。

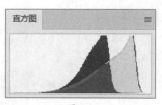

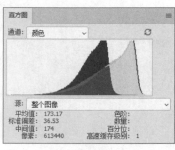

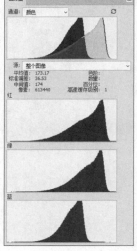

图 5-3   图 5-4   图 5-5

5.1.3 颜色取样器工具

吸管工具采集色样以指定新的前景色或背景色。可从现用图像或屏幕上的任意位置采集色样。选择"吸管工具" ，可以从现用图像或屏幕上的任意位置采集色样单拾取颜色，如图5-6所示。"信息"面板中会显示吸取的颜色信息，如图5-7所示。

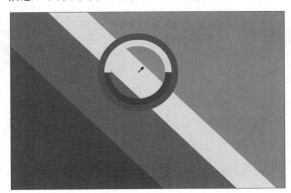

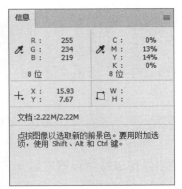

图 5-6   图 5-7

5.2 图像的色调

Photoshop中可以通过色阶、曲线、亮度/对比度、色调均化及阴影/高光调整图像的色调，即调整图像的相对明暗程度。

5.2.1 色阶

色阶命令可以通过设置图像的阴影、中间调和高光的强度调整图像的明暗度。执行"图像"|"调整"|"色阶"命令或按Ctrl+L组合键，弹出"色阶"对话框，如图5-8所示。

该对话框中主要选项的功能如下。

- 预设：在其下拉列表框中选择预设色阶文件，对图像进行调整。
- 通道：在其下拉列表框中选择调整整体或单个通道色调的通道。

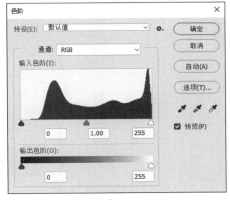

图 5-8

- 输入色阶：该选项对应直方图下方的三个滑块，分别代表暗部、中间调和高光。移动这些滑块可以改变图像的明暗分布。
- 输出色阶：设置图像亮度值的范围，范围为0～255，两个数值分别用于调整暗部色调和亮部色调。
- 自动：单击该按钮，Photoshop将以0.5的比例对图像进行调整，将最亮的像素调整为白色，并将最暗的像素调整为黑色。图5-9、图5-10所示分别为应用"自动"命令前后的效果。

图 5-9　　　　　　　　　　　　　　　　　　　图 5-10

- **选项**：单击该按钮，打开"自动颜色校正选项"对话框，设置"阴影"和"高光"所占的比例。
- **从图像中取样以设置黑场**：单击该按钮在图像中取样，可将单击处的像素调整为黑色，图像中比该单击点亮的像素也会变为黑色。
- **从图像中取样以设置灰场**：单击该按钮在图像中取样，可根据单击点设置为灰度色，从而改变图像的色调。
- **从图像中取样以设置白场**：单击该按钮在图像中取样，可将单击处的像素调整为白色，图像中比该单击点亮的像素也会变为白色。

5.2.2　曲线

　　曲线工具通过调整图像的色调曲线改变图像的明暗度。执行"图像"|"调整"|"曲线"命令或按Ctrl+M组合键，弹出"曲线"对话框，如图5-11所示。

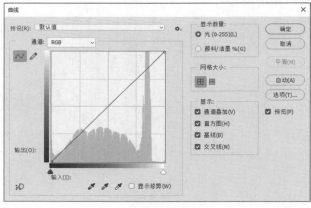

图 5-11

　　该对话框中主要选项的功能如下。

- **预设**：Photoshop已对一些特殊调整进行了设定，在其下拉列表框中选择相应选项，即可快速调整图像。
- **通道**：可选择需要调整的通道。
- **曲线编辑框**：曲线的水平轴表示原始图像的亮度，即图像的输入值；垂直轴表示处理后新图像的亮度，即图像的输出值；曲线的斜率表示相应像素点的灰度值。在曲线上单击并拖曳，可创建控制点调整色调，如图5-12、图5-13所示。

图 5-12

图 5-13

- **编辑点以修改曲线**⚋：表示以拖曳曲线上控制点的方式调整图像。
- **通过绘制来修改曲线**✏：单击该按钮后将光标移至曲线编辑框，当其变为✏形状时单击并拖曳，绘制需要的曲线来调整图像。
- **网格大小**⊞⊞：该选项区的选项可以控制曲线编辑框中曲线的网格数量。
- **显示**：该选项区包括"通道叠加""基线""直方图"和"交叉线"4个复选框，只有勾选这些复选框，才会在曲线编辑框中显示3个通道叠加，以及基线、直方图和交叉线的效果。

5.2.3　亮度/对比度

亮度/对比度命令通过调整图像的亮度和对比度改变图像的明暗度。执行"图像"|"调整"|"亮度/对比度"命令，在弹出的"亮度/对比度"对话框中，可拖曳滑块或在文本框中输入数值（范围为-100～100）调整图像的亮度和对比度，如图5-14、图5-15所示。

图 5-14

图 5-15

5.2.4　色调均化

色调均化功能通过平均分配图像中的像素亮度等级，使图像具有更均衡的色调分布。它能增强图像的中间调细节，通常用于改善低对比度或曝光不足的图像。打开素材图像，如图5-16所示，执行"图像"|"调整"|"色调均化"命令，即可应用效果，如图5-17所示。

图 5-16

图 5-17

5.2.5　阴影/高光

阴影/高光用于对曝光不足或曝光过度的照片进行修正。执行"图像"|"调整"|"阴影/高光"命令，在"阴影/高光"对话框中设置阴影和高光数量，如图5-18所示。

图 5-18

动手练　调整图像明暗对比

素材位置：**本书实例\第5章\调整图像明暗对比\户外.jpg**

本练习将介绍图像明暗对比效果的调整，主要运用的知识包括色阶、曲线命令的应用。具体操作过程如下。

步骤01 将素材文件拖曳至Photoshop，如图5-19所示。

步骤02 按Ctrl+J组合键复制图层，如图5-20所示。

图 5-19

图 5-20

步骤03 按Ctrl+L组合键，在弹出的"色阶"对话框中，拖曳中间灰色滑块调整中间调，如图5-21所示。应用效果如图5-22所示。

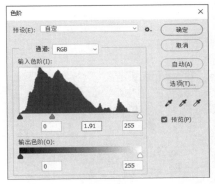

图 5-21

图 5-22

步骤04 按Ctrl+M组合键，在弹出的"曲线"对话框中，单击"自动"按钮后继续调整，如图5-23所示。应用效果如图5-24所示。

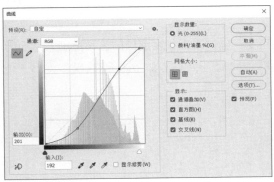

图 5-23

图 5-24

5.3 图像的色彩

Photoshop中可以通过色彩平衡、色相/饱和度、替换颜色、匹配颜色、通道混合器及可选颜色调整图像的色彩。

5.3.1 色彩平衡

色彩平衡可改变颜色的混合，纠正图像中明显的偏色问题。执行该命令可以在图像原色的基础上根据需要添加其他颜色，或通过增加某种颜色的补色，减少该颜色的数量，从而改变图像的色调。执行"图像"|"调整"|"色彩平衡"命令或按Ctrl+B组合键，弹出"色彩平衡"对话框，如图5-25所示。

该对话框中主要选项的功能如下。

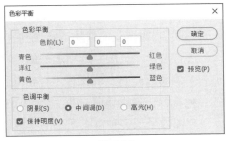

图 5-25

- **色彩平衡**：在文本框中输入数值，可调整图像6个不同原色的比例；也可直接用鼠标拖曳文本框下方3个滑块的位置，调整图像的色彩。
- **色调平衡**：选择需要调整的色彩范围，包括阴影、中间调和高光。勾选"保持亮度"复选框，保持图像亮度不变。

图5-26、图5-27所示为调整色彩平衡前后的效果。

图 5-26　　　　　　　　　　　　　　图 5-27

5.3.2　色相/饱和度

色相/饱和度可用于调整图像像素的色相和饱和度，也可用于灰度图像的色彩渲染，从而为灰度图像添加颜色。执行"图像"|"调整"|"色相/饱和度"命令或按Ctrl+U组合键，弹出"色相/饱和度"对话框，如图5-28所示。

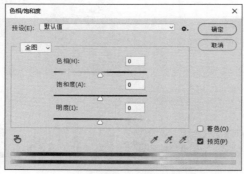

图 5-28

该对话框中主要选项的功能如下。

- **预设**："预设"下拉列表框中提供了8种色相/饱和度预设，单击"预设选项" ⚙ 按钮，可对当前设置的参数进行保存，或者载入一个新的预设调整文件。
- **通道** 全图 ∨：该下拉列表框中提供了7种通道，选择通道后，可以拖曳"色相""饱和度""明度"的滑块进行调整。选择"全图"选项，可一次调整整幅图像中的所有颜色。若选择"全图"选项之外的选项，则色彩变化只对当前选中的颜色起作用。
- **移动工具** 👆：在图像上单击并拖曳，可修改饱和度；按Ctrl键单击图像，可修改色相。
- **着色**：勾选该复选框，图像会整体偏向于单一的红色调。通过调整色相和饱和度，能使图像呈现多种富有质感的单色调效果。

图5-29、图5-30所示为调整色相/饱和度前后的效果。

图 5-29

图 5-30

5.3.3 替换颜色

替换颜色用于替换图像中某个特定范围的颜色，以调整色相、饱和度和明度值。执行"图像"|"调整"|"替换颜色"命令，弹出"替换颜色"对话框，使用"吸管工具"吸取颜色，拖曳滑块或单击结果色块，设置替换颜色，如图5-31所示。

图5-32、图5-33所示为替换颜色前后的效果。

图 5-31

图 5-32

图 5-33

5.3.4 匹配颜色

匹配颜色是将一个图像作为源图像，另一个图像作为目标图像，将源图像的颜色与目标图像的颜色进行匹配。源图像和目标图像可以是两个独立的文件，也可以匹配同一图像中不同图层之间的颜色。打开两张图像素材，图5-34、图5-35所示分别为源图像与目标图像。

图 5-34

图 5-35

执行"图像"|"调整"|"匹配颜色"命令，在弹出的"匹配颜色"对话框中设置参数，如图5-36所示。应用效果如图5-37所示。

图 5-36

图 5-37

✅**知识点拨** 匹配颜色命令仅适用于RGB模式图像。

5.3.5　通道混合器

通道混合器用于混合图像中某个通道的颜色与其他通道中的颜色，使图像产生合成效果，从而达到调整图像色彩的目的。通过对各通道进行不同程度的替换，图像会产生戏剧性的色彩变换，赋予图像不同的画面效果与风格。执行"图像"|"调整"|"通道混合器"命令，在弹出的"通道混合器"对话框中选择通道并设置参数，图5-38、图5-39所示为调整通道混合器前后的效果。

图 5-38

图 5-39

5.3.6 可选颜色

可选颜色用于校正颜色的平衡，选择某种颜色范围进行针对性的修改，在不影响其他原色的情况下修改图像中某种原色的数量。执行"图像"|"调整"|"可选颜色"命令，弹出"可选颜色"对话框，如图5-40所示。

在"可选颜色"对话框中，若选中"相对"单选按钮，则表示按照总量的百分比更改现有的青色、洋红、黄色或黑色的量；若选中"绝对"单选按钮，则按绝对值进行颜色值的调整。图5-41、图5-42所示为调整可选颜色前后的效果。

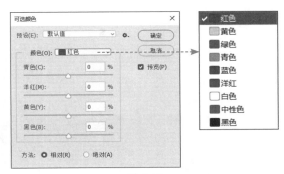

图 5-40

图 5-41

图 5-42

动手练 调整图像的色调

📖 **素材位置**：本书实例\第5章\调整图像的色调\风景.jpg

本练习将介绍图像色调的调整，主要运用的知识包括色彩平衡、可选颜色、自然饱和度、色相饱和度，以及历史记录画笔的使用。具体操作过程如下。

步骤01 将素材文件拖曳至Photoshop，按Ctrl+J组合键复制图层，如图5-43所示。

步骤02 按Ctrl+B组合键，在弹出的"色彩平衡"对话框中设置参数，如图5-44所示。

图 5-43

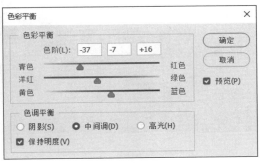

图 5-44

步骤03 应用效果如图5-45所示。

步骤04 执行"图像"|"调整"|"可选颜色"命令，在弹出的"可选颜色"对话框中设置参数，如图5-46所示。

图 5-45

图 5-46

步骤05 应用效果如图5-47所示。

步骤06 执行"图像"|"调整"|"自然饱和度"命令，在弹出的"自然饱和度"对话框中设置参数，如图5-48所示。

图 5-47

图 5-48

步骤07 应用效果如图5-49所示。

步骤08 选择"快速选择工具"创建选区，如图5-50所示。

图 5-49

图 5-50

步骤09 按Ctrl+U组合键，在弹出的"色相/饱和度"对话框中设置参数，如图5-51所示。

步骤10 应用效果后取消选区，选择"历史记录画笔工具"，设置不透明度为10%，涂抹公路部分，最终效果如图5-52所示。

图 5-51　　　　　　　　　　　　　　　　　　　　图 5-52

5.4　特殊颜色效果

Photoshop中可以通过去色、黑白、阈值、反相及渐变映射命令，对图像进行特殊色调调整。

5.4.1　去色

使用去色命令可以快速将彩色图片转换为黑白图片。但是，它不提供对颜色通道的精细控制。执行"图像"|"调整"|"去色"命令或按Shift+Ctrl+U组合键即可。图5-53、图5-54所示为图像去色前后的效果。

图 5-53　　　　　　　　　　　　　　　　　　　　图 5-54

5.4.2　黑白

使用黑白命令可以将彩色图片转换为高品质的黑白图片，与"去色"命令相比，它提供了更多的细节和控制选项。执行"图像"|"调整"|"黑白"命令，弹出"黑白"对话框，可以通过调整不同颜色通道的滑块模拟传统黑白摄影中的滤镜效果，如图5-55所示。单击"自动"按钮，可以一键应用黑白效果，勾选"色调"复选框，可以为图像添加单色效果。图5-56、图5-57所示为应用黑白命令前后的效果。

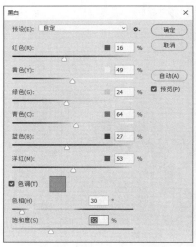

图 5-55

图 5-56

图 5-57

5.4.3　阈值

阈值可以将灰度或彩色图像转换为高对比的黑白图像，先将图像中的像素与指定的阈值进行比较，然后将比阈值亮的像素转换为白色，再将比阈值暗的像素转换为黑色，从而实现图像的黑白转换。执行"图像"|"调整"|"阈值"命令，弹出"阈值"对话框，如图5-58所示。

图5-59、图5-60所示为阈值命令执行前后的效果。

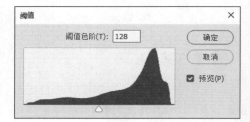

图 5-58

图 5-59

图 5-60

5.4.4　反相

反相命令主要针对颜色色相进行操作，可将图像中的颜色进行反转处理。例如，将黑色转换为黑色，将白色转换为黑色。执行"图像"|"调整"|"反相"命令，或按Ctrl+I组合键即可。图5-61、图5-62所示为反相命令执行前后的效果。

图 5-61

图 5-62

5.4.5 渐变映射

渐变映射先将图像转换为灰度图像，将相等的图像灰度映射到指定的渐变填充色，但不能应用于不包含任何像素的完全透明图层。执行"图像"|"调整"|"渐变映射"命令，弹出"渐变映射"对话框，如图5-63所示。

图5-64、图5-65所示为渐变映射命令执行前后的效果。

图 5-63

图 5-64

图 5-65

动手练 制作木版画效果

📖 **素材位置：本书实例\第5章\制作木版画效果\背景.jpg**

本练习将介绍木版画效果的制作，主要运用的知识包括图层的编辑调整、阈值及不透明度的设置等。具体操作过程如下。

步骤01 将素材文件拖曳至Photoshop，如图5-66所示。

步骤02 按Ctrl+J组合键复制图层，执行"图像"|"调整"|"阈值"命令，在弹出的对话框中设置参数，如图5-67所示。

步骤03 调整效果，如图5-68所示。

步骤04 按Ctrl+J组合键复制背景图层，调整图层顺序，如图5-69所示。

步骤05 执行"图像"|"调整"|"阈值"命令，在弹出的对话框中设置参数，如图5-70所示。调整不透明度为60%，如图5-71所示。

图 5-66   图 5-67

图 5-68   图 5-69

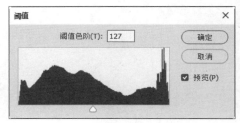

图 5-70   图 5-71

步骤06 按Ctrl+J组合键复制背景图层，调整图层至最顶层，执行"图像"|"调整"|"阈值"命令，在弹出的对话框中设置参数，如图5-72所示。

步骤07 调整不透明度为50%，如图5-73所示。

图 5-72   图 5-73

Ps+Ai

Photoshop+Illustrator

第**6**章
路径与文字

本章将对路径、文字的创建与编辑进行讲解，包括路径的创建与编辑、文字的基础操作及文字的进阶操作。了解并掌握这些基础知识，可以培养设计师的图形设计与构造能力及排版布局能力。

 要点难点

- 路径的创建
- 路径的编辑
- 文字的基础操作
- 文字的进阶操作

6.1 路径的创建

路径是由一条或多条直线线段或曲线线段组成，Photoshop中绘制路径常用的工具是钢笔工具和弯度钢笔工具。

6.1.1 使用钢笔工具创建路径

钢笔工具用于绘制任意形状的直线或曲线路径。选择"钢笔工具" ，在选项栏中设置为"路径"模式 ，再在图像中单击，创建路径起点，此时图像中会出现一个锚点，根据物体形态移动光标改变点的方向，按住Alt键将锚点变为单方向锚点，贴合图像边缘直至光标与创建的路径起点连接，路径自动闭合，如图6-1、图6-2所示。

图 6-1

图 6-2

6.1.2 使用弯度钢笔工具创建路径

弯度钢笔工具用于轻松绘制平滑曲线和直线段。使用该工具，可以在设计中创建自定义形状，或定义精确的路径。无须切换工具就能创建、切换、编辑、添加或删除平滑点或角点。

选择"弯度钢笔工具" 确定起始点，绘制第二个点为直线段，如图6-3所示；绘制第三个点，这三个点就会形成一条连接的曲线，将光标移至锚点，当出现 时可随意移动锚点位置，如图6-4所示。

图 6-3

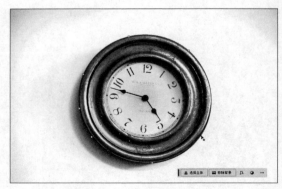

图 6-4

动手练 抠取白色杯子

📎 **素材位置：本书实例\第6章\抠取白色杯子\杯子.jpg**

本练习将介绍使用钢笔工具抠取白色杯子的方法，涉及的知识点包括钢笔工具的使用、选区的创建、图层的复制与隐藏等。具体操作方法如下。

步骤01 将素材文件拖放至Photoshop，如图6-5所示。

步骤02 选择"钢笔工具"绘制闭合路径，如图6-6所示。

图 6-5

图 6-6

步骤03 加选绘制路径，如图6-7所示。

步骤04 按Ctrl+Enter组合键创建选区，如图6-8所示。

图 6-7

图 6-8

步骤05 按Ctrl+J组合键复制选区，在"图层"面板中隐藏背景图层，如图6-9、图6-10所示。

图 6-9

图 6-10

6.2 路径的编辑

通过对路径的编辑，可以更精确地控制图形的形状和外观，从而创建丰富多样、独具特色的图形元素。

6.2.1 路径面板

"路径"面板列出了存储的每条路径、当前工作路径和当前矢量蒙版的名称和缩览图像。执行"窗口"|"路径"命令，弹出"路径"面板，如图6-11所示。

图 6-11

该面板中主要选项的功能如下。

- 用前景色填充路径■：单击该按钮，可用前景色填充当前路径。
- 用画笔描边路径○：单击该按钮，可用画笔工具和前景色为当前路径描边。
- 将路径作为选区载入▦：单击该按钮，可将当前路径转换为选区，此时还可对选区进行其他编辑操作。
- 从选区生成工作路径◇：单击该按钮，可将选区转换为工作路径。
- 添加图层蒙版▣：单击该按钮，可为路径添加图层蒙版。
- 创建新路径▣：单击该按钮，可创建新的路径图层。
- 删除当前路径▥：单击该按钮，可删除当前路径图层。

6.2.2 路径的基础调整

调整路径涉及路径的新建、复制与删除、选择等。下面分别进行介绍。

1. 路径的新建

在"路径"面板中，单击"创建新路径"按钮，创建新的路径图层，如图6-12所示。使用"钢笔工具"绘制路径，新创建的路径将显示在面板中，如图6-13所示。

2. 路径的复制与删除

在"路径"面板中选择路径，右击，可在弹出的菜单中选择复制、删除路径，也可直接将选中的路径图层拖放至"创建新路径"按钮处复制路径，如图6-14所示。拖曳至"删除当前路径"按钮，删除当前路径图层。

图 6-12

图 6-13

图 6-14

90

3. 路径的选择

路径的选择主要涉及对路径的识别和定位，以便进行后续的编辑或操作。常用的路径选择工具有路径选择工具与直接选择工具。

（1）路径选择工具

路径选择工具用于选择和移动整个路径。选择"路径选择工具" ▶，单击要选择的路径，按住鼠标左键不放进行拖曳，即可改变所选择路径的位置，按住Shift键水平、垂直或以45°移动路径，如图6-15、图6-16所示。

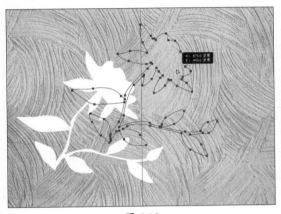

图 6-15

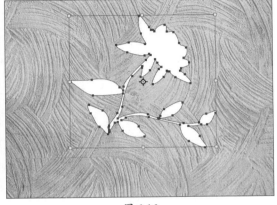

图 6-16

按Ctrl+T组合键自由变换，可以对路径进行缩放、旋转和倾斜等变换。按住Shift键拖曳变换右上角控制点，单击"完成"按钮，弹出如图6-17所示提示框。按回车键应用变换效果，如图6-18所示。

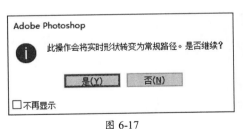

图 6-17

图 6-18

（2）直接选择工具

直接选择工具用于直接选择和编辑路径上的锚点和方向线，从而精确地调整形状。选择"直接选择工具" ▶，在路径上任意单击，选中的锚点显示为实心方形，出现锚点和控制柄，未被选中的锚点显示为空心方形。若要选择多个锚点，可单击并拖曳鼠标创建选择框，或按住Shift键加选，如图6-19所示。拖曳鼠标可调整路径的形状，如图6-20所示。

图 6-19

图 6-20

6.2.3　路径与选区的转换

　　路径是由一系列直线段和曲线段组成的矢量图形，选区则是一个由像素组成的区域。将路径转换为选区，通常是为了对图像中的特定区域进行编辑或处理，例如应用滤镜、调整色彩或进行其他像素级别的编辑。选中路径后，可以通过以下方法操作。

- 按Ctrl+Enter组合键，快速将路径转换为选区。
- 右击，在弹出的菜单中选择"建立选区"选项，再在弹出的"建立选区"对话框中设置参数，如图6-21、图6-22所示。

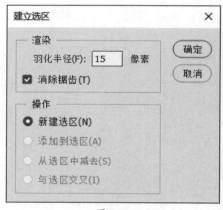

图 6-21

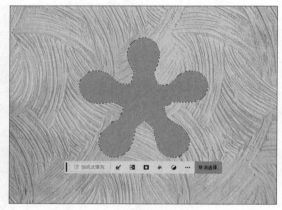

图 6-22

- 在"路径"面板中单击"菜单"按钮，再在弹出的菜单中选择"建立选区"选项，弹出"建立选区"对话框，设置羽化半径参数。
- 在"路径"面板中按住Ctrl键，单击路径缩览图，如图6-23所示。
- 在"路径"面板中单击"将路径作为选区载入"按钮，如图6-24所示。

　　将选区转换为路径通常是为了获得更精确的矢量形状，以便进行后续的编辑和处理。选中选区后，在"路径"面板中单击"从选区生成工作路径"按钮，如图6-25所示。转换为路径后，可以在"路径"面板中进行编辑和调整，也可以使用路径编辑工具修改路径的形状和属性。

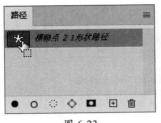
图 6-23

图 6-24

图 6-25

6.2.4 路径的描边与填充

填充路径用于在路径内部填充颜色或图案，创建路径后，可通过以下方法操作。

- 右击，在弹出的菜单中选择"填充路径"选项，再在弹出的"填充路径"对话框中设置参数，如图6-26所示。
- 在"路径"面板中，按住Alt键单击"用前景色填充路径"按钮，在弹出的"描边路径"对话框中设置参数。或直接单击"用前景色填充路径"按钮，为当前路径填充前景色。

描边路径是沿已有的路径为路径边缘添加画笔线条效果，画笔的笔触和颜色可以自定义。创建路径后，可以通过以下方法操作。

- 右击，在弹出的菜单中选择"描边路径"选项，再在弹出的"描边路径"对话框中设置参数，如图6-27所示。
- 在"路径"面板中，按住Alt键单击"用画笔描边路径"按钮，在弹出的"描边路径"对话框中，选择铅笔、画笔、历史记录、海绵等工具，如图6-28所示。或直接单击"用画笔描边路径"按钮，使用画笔为当前路径描边。

图 6-26

图 6-27

图 6-28

动手练 替换装饰画主图元素

📎 **素材位置：本书实例\第6章\替换装饰画主图元素\装饰画.jpg**

本练习将介绍替换装饰画中指定元素的方法，主要运用的知识包括绘制路径、创建选区、图层样式的应用等。具体操作过程如下。

步骤01 将素材文件拖放至Photoshop，如图6-29所示。

步骤02 将背景图层解锁为常规图层，如图6-30所示。

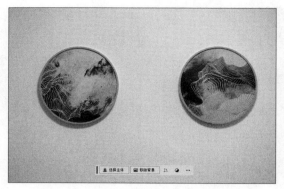

图 6-29

图 6-30

步骤03 选择"弯度钢笔工具"绘制选区，如图6-31所示。

步骤04 在"路径"面板中单击"将路径作为选区载入"按钮，载入选区，如图6-32所示。

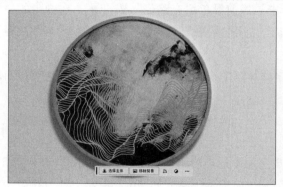

图 6-31

图 6-32

步骤05 效果如图6-33所示。

步骤06 按Delete键删除选区，按Ctrl+D组合键取消选区，如图6-34所示。

图 6-33

图 6-34

步骤07 使用相同的方法对另一个圆形绘制路径、创建选区、删除选区并取消选区，如图6-35所示。

步骤08 置入素材调整显示，如图6-36所示。

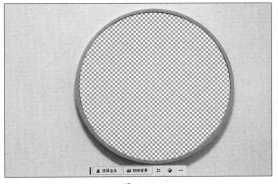

图 6-35

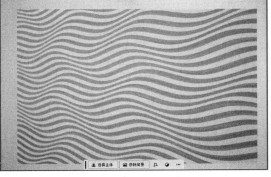

图 6-36

步骤09 调整图层顺序，如图6-37所示。

步骤10 按住Ctrl键单击图层0，载入选区，如图6-38所示。

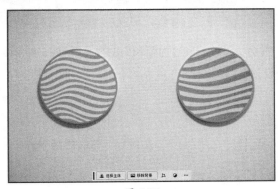

图 6-37

图 6-38

步骤11 按Ctrl+Shift+I组合键反向选择，如图6-39所示。

步骤12 按住Ctrl+J组合键复制选区，如图6-40所示。

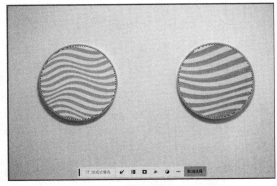

图 6-39

图 6-40

步骤13 双击该图层，在弹出的"图层样式"对话框中添加"内阴影"样式，如图6-41所示。

步骤14 效果如图6-42所示。

平面设计核心应用标准教程（微课视频版）
Photoshop + Illustrator

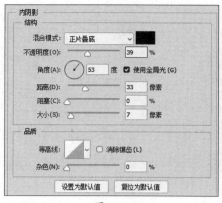

图 6-41

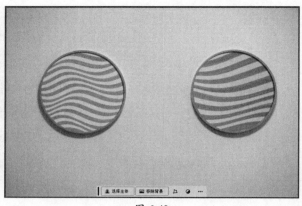

图 6-42

6.3 文字的基础操作

　　文字工具是设计过程中不可或缺的一部分，可为设计师提供极大的灵活性和创造性空间，实现丰富的图文混排效果和高质量的文字设计。

6.3.1 创建文字

　　包括创建点文字、段落文字和路径文字，每种文字类型都有其特定的应用场景。

1. 创建点文字

　　点文字是一个水平或垂直文本行，从图像中单击的位置开始。输入的文字会随着输入不断延展，且不受预先设定的边界限制，按回车键可换行。适合处理较少的文字，可以精确地控制每个字符的位置和对齐。

　　选择"横排文字工具" **T**，在画板上单击确定一个插入点，输入文字后按Ctrl+Enter组合键完成输入，如图6-43所示。在选项栏中单击"切换文本取向"按钮 **℡**，或执行"文字"|"垂直"命令，即可实现文字横排与直排之间的转换，如图6-44所示。

图 6-43

图 6-44

2. 创建段落文字

　　使用段落文字功能用户可以创建和编辑包含多行和多段落的文本内容。相比单行文字，段落文字更适合排版长篇文章、海报、杂志内页等需要布局和对齐的文本。

选择"横排文字工具"[T]，按住鼠标左键不放，拖曳光标创建文本框，如图6-45所示。文本插入点会自动插入文本框前端，在文本框中输入文字，当文字到达文本框边界时会自动换行。调整外框四周的控制点，可以重新调整文本框大小，效果如图6-46所示。

图 6-45

图 6-46

3. 创建路径文字

路径文字指的是沿指定路径流动的文本。可以按照自定义的路径形状排列文字，从而实现更独特、更具吸引力的文本效果。

选择"钢笔工具"绘制路径，再选择"横排文字工具"[T]，将光标移至路径上方，当光标变为[I]形状时，单击后光标会自动吸附到路径上，如图6-47所示。输入文字后按Ctrl+Enter组合键，可根据显示调整文字大小，如图6-48所示。

图 6-47

图 6-48

6.3.2 设置文本样式

文本样式的设置主要涉及"字符"面板和"段落"面板，可根据需要在面板中设置字体的类型、大小、颜色、文本排列等属性。

1. 字符面板

字符面板用于设置文本的基本样式，如字体、字号、字距等。执行"窗口"|"字符"命令，弹出"字符"面板，如图6-49所示。

该对话框中主要选项的功能如下。

- **字体大小**▯T：在该下拉列表框中选择预设数值，或者输入自定义数值，即可更改字符大小。
- **设置行距**▯A：设置文字行与行之间的距离。
- **字距微调**▯A：进行两个字符之间的距离。
- **字距调整**▯A：设置文字的字符间距。
- **比例间距**▯：设置文字字符间的比例间距，数值越大，字距越小。
- **垂直缩放**▯T：设置文字垂直方向的缩放大小，即调整文字的高度。

图 6-49

- **水平缩放**▯T：设置文字水平方向的缩放大小，即调整文字的宽度。
- **基线偏移**▯：设置文字与文字基线之间的距离。输入正值时，文字上移；输入负值时，文字下移。
- **颜色**：单击色块，在弹出的拾色器中选取字符颜色。
- **文字效果按钮组**▯ ▯ ▯▯ ▯▯ ▯▯ ▯▯ ▯ ▯：设置文字的效果，依次为仿粗体、仿斜体、全部大写字母、小型大写字母、上标、下标、下画线和删除线。
- **Open Type功能组**▯ ▯ ▯ ▯ ▯▯ ▯ ▯▯ ½：依次为标准连字、上下文替代字、自由连字、花饰字、替代样式、标题代替字、序数字、分数字。
- **语言设置**▯▯▯▯▯：设置文本连字符和拼写的语言类型。
- **设置消除锯齿的方法**▯a ▯锐利▯：设置消除文字锯齿的模式。

2. 段落面板

段落面板主要用于对文本进行高级的段落格式化设置，例如对齐方式、缩进及其他相关格式设置。执行"窗口"|"段落"命令，弹出"段落"面板，如图6-50所示。

该对话框中主要选项的功能如下。

- **对齐方式**▯▯▯▯ ▯▯▯ ▯：设置文本段落的对齐样式，如左对齐、居中、右对齐或两端对齐等。

图 6-50

- **左缩进**▯▯：设置段落文本左边向内缩进的距离。
- **右缩进**▯▯：设置段落文本右边向内缩进的距离。
- **首行缩进**▯▯：设置段落文本首行缩进的距离。
- **段前添加空格**▯▯：设置当前段落与上一段落之间的距离。
- **段后添加空格**▯▯：设置当前段落与下一段落之间的距离。
- **避头尾法则设置**：避头尾字符是指不能出现在每行开头或结尾的字符。Photoshop提供了基于标准JIS的宽松和严格的避头尾集，宽松的避头尾法则设置忽略了长元音和小平假名字符。
- **间距组合设置**：设置内部字符集间距。
- **连字**：勾选该复选框可将文字的最后一个英文单词拆开，形成连字符号，剩余部分则自动换到下一行。

动手练 制作知识类科普配图

素材位置：**本书实例\第6章\制作知识类科普配图\科普.txt**

本练习将介绍知识类科普配图的制作方法，主要运用的知识包括矩形的绘制、椭圆的绘制、文字的设置、段落设置，以及段落样式的应用。具体操作过程如下。

步骤01 选择"矩形工具"，绘制矩形并填充颜色（#14b3ff），调整圆角半径为32像素，如图6-51所示。

步骤02 复制矩形，调整大小与显示位置，如图6-52所示。

图 6-51

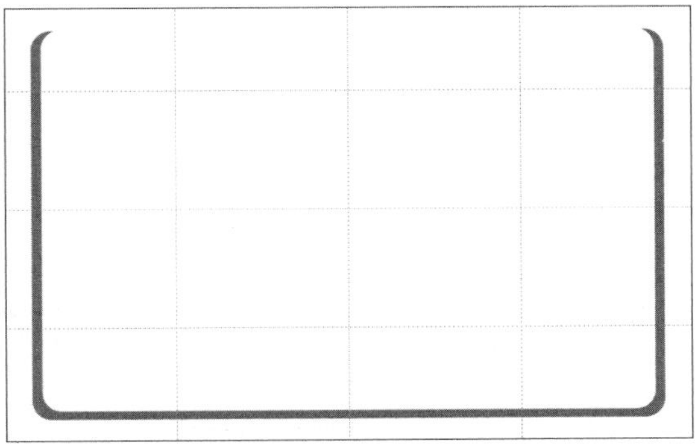

图 6-52

步骤03 继续绘制全圆角矩形，如图6-53所示。

步骤04 选择"椭圆工具"，绘制两个大小不同的正圆，复制两个正圆，移动复制至右侧，调整旋转角度后更改颜色（#ffac30），如图6-54所示。

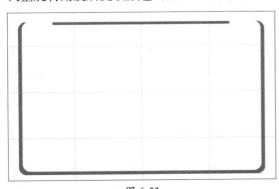

图 6-53

图 6-54

步骤05 选择"横排文字工具"输入文字，在上下文任务栏中更改字体类型、字体大小及颜色（#1457ac），如图6-55所示。

图 6-55

步骤06 更改Word颜色，在前后分别单击空格键调整字间距，如图6-56所示。

步骤07 选择"横排文字工具"，创建文本框后输入文字，在字符面板中设置字体类型、字体大小及颜色等参数，如图6-57、图6-58所示。

步骤08 选中每个标题后的冒号，按回车键换行，再在每个标题前添加编号，如图6-59所示。

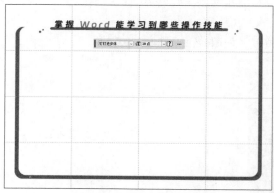

图 6-56

图 6-57

图 6-58

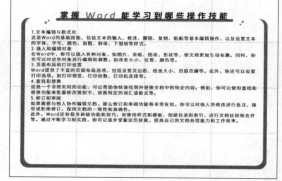

图 6-59

步骤09 选中标题，在"字符"面板中设置参数，如图6-60所示。

步骤10 对每个标题执行相同的操作，如图6-61所示。

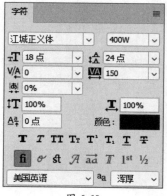

图 6-60

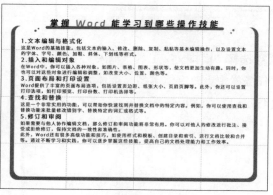

图 6-61

步骤11 选中内容文字，在"字符"面板中设置参数，如图6-62所示。

步骤12 在"段落"面板中设置参数，如图6-63所示。

步骤13 在"段落样式"中创建新的段落样式，如图6-64所示。

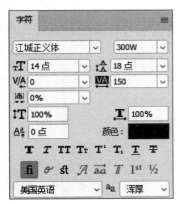

图 6-62

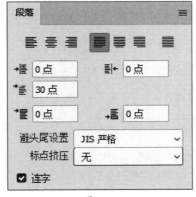

图 6-63

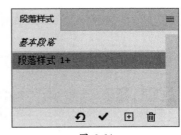

图 6-64

步骤14 分别为分段内容应用段落样式，如图6-65所示。

步骤15 将光标放置在每段内容结尾处，按回车键换行。隐藏网格后设置主标题字号为32，字间距为180，效果如图6-66所示。

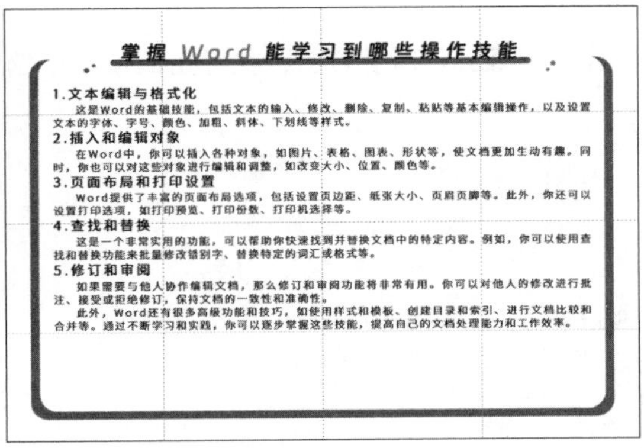

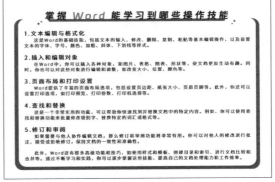

图 6-65

图 6-66

6.4 文字的进阶操作

对文本进行变形、栅格化、转换为形状等进阶操作，可使设计师更灵活地处理文本元素，创造多样化的视觉表达形式。

6.4.1 文字变形

文字变形是将文本沿着预设或自定义的路径进行弯曲、扭曲和变形处理，以实现富有创意的艺术效果。执行"文字"|"文字变形"命令或单击选项栏中的"创建文字变形"按钮，弹出的"变形文字"对话框中有15种文字变形样式，应用这些样式可以创建多种艺术字体，如图6-67所示。

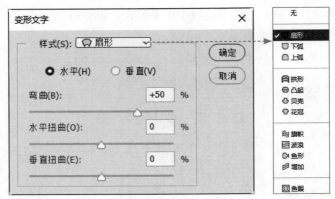

图 6-67

✅**知识点拨** 变形文字工具只针对整个文字图层，不能单独针对某些文字。如果要制作多种文字变形混合的效果，可以先将文字输入不同的文字图层，再分别设定变形。

6.4.2　栅格化文字

文字图层是一种特殊的图层，它具有文字的特性，可对文字大小、字体等进行修改，但如果要在文字图层上绘制、应用滤镜等操作，需要将文字图层栅格化，将其转换为常规图层。文字图层栅格化后无法进行字体的更改。

在"图层"面板中选择文字图层，如图6-68所示。在图层名称上右击，在弹出的菜单中选择"栅格化文字"选项，即可将文字图层栅格化，如图6-69所示。

图 6-68

图 6-69

6.4.3　转换为形状

将文本转换为形状是指将文字从可编辑的文字状态转换为矢量形状，虽然不能再直接编辑文字内容，但可以如同编辑其他矢量图形一样，对文字形状进行任意变形、填充、描边等操作，并保持高清晰度，不受放大缩小的影响。在"图层"面板中选择文字图层，右击图层名称，在弹出的菜单中选择"转换为形状"选项，如图6-70所示。使用"直接选择工具"⯆单击锚点，可更改形状效果，如图6-71所示。

图 6-70   图 6-71

动手练 制作拆分文字效果

📖 **素材位置**：**本书实例\第6章\制作拆分文字效果\拆分文字.psd**

本练习将介绍拆分文字效果的制作，主要运用的知识包括文字的创建、编辑，栅格化文字、图层样式及滤镜等。具体操作过程如下。

步骤01 选择"横排文字工具"输入4组文字，在"字符"面板中设置参数，如图6-72、图6-73所示。

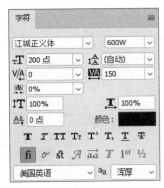

图 6-72   图 6-73

步骤02 在"图层"面板中全选图层，如图6-74所示。

步骤03 右击，在弹出的菜单中选择"栅格化文字"选项，将文字图层栅格化，如图6-75所示。

图 6-74   图 6-75

步骤04 选择"矩形选框工具"，绘制选区，如图6-76所示。

步骤05 按Ctrl+X组合键剪切，按Ctrl+V组合键粘贴，移动至原位置后填充颜色样式为绿色（#11633c），如图6-77所示。

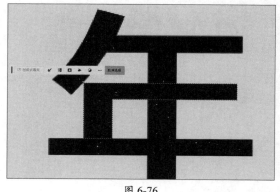

图 6-76

图 6-77

步骤06 使用相同的方式绘制选区，复制"年"拆分笔画的样式，分别选中图层粘贴图层样式，如图6-78所示。

步骤07 使用"矩形选框工具"沿"年"字中的"丨"绘制选区，剪贴选区后补足完整的"丨"，如图6-79所示。

图 6-78

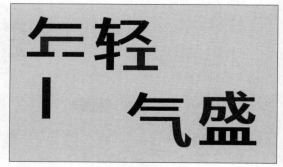

图 6-79

步骤08 执行"滤镜"|"模糊"|"高斯模糊"命令，在弹出的"高斯模糊"对话框中设置参数，如图6-80所示。

步骤09 移动至原位置，如图6-81所示。

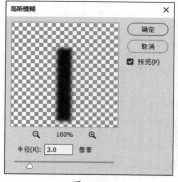

图 6-80

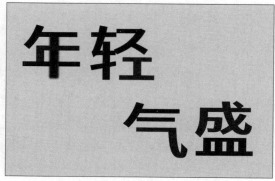

图 6-81

步骤10 选择"矩形选框工具"沿"年"字中的"一"绘制选区，按Ctrl+T组合键可自由变换，按住Shift键并向右拖曳鼠标，如图6-82所示。

步骤11 使用相同的方法对剩余的文字笔画进行模糊操作，如图6-83所示。

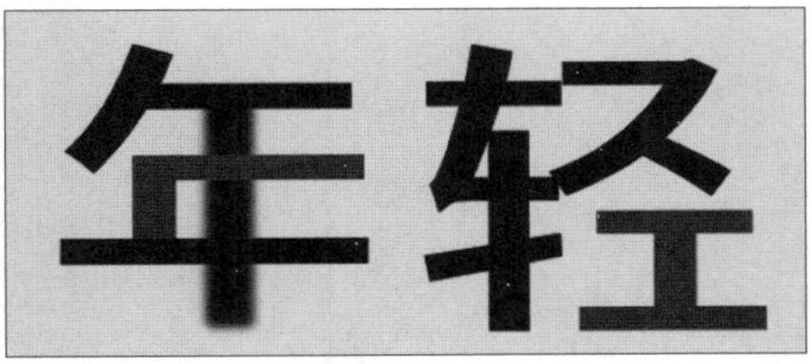

图 6-82

图 6-83

步骤12 调整文字"气"和"盛"的摆放位置，使用"裁剪工具"裁剪多余的背景。再使用"横排文字工具"输入4组文字，调整至合适位置，如图6-84所示。

图 6-84

至此拆分文字效果制作完成。

P·s + A·i

Photoshop+Illustrator

第7章
通道与蒙版

本章将对通道与蒙版的应用进行讲解，包括通道的类型、通道的基本操作、蒙版的类型及蒙版的基本操作。了解并掌握这些基础知识，可以更精确地操作图像，实现色彩调整、图层混合、特效制作等多种效果。

 要点难点

- 通道的类型
- 蒙版的类型
- 通道的基本操作
- 蒙版的基本操作

7.1 通道概述

通道是Photoshop中的一个核心概念，主要用于管理和编辑图像的颜色信息及选区数据。

7.1.1 通道的类型

Photoshop中通道主要包括以下类型。

1. 颜色通道

颜色通道是指保存图像颜色信息的通道。对于RGB模式的图像，包含红、绿、蓝3个颜色通道；对于CMYK模式的图像，则包含青色、洋红、黄色和黑色4个通道，这些通道共同决定图像的色彩表现。

2. Alpha 通道

Alpha通道主要用于存储和编辑选区信息及透明度级别。其中，黑白灰阶代表图像的不同透明度层次，白色代表完全不透明，黑色代表完全透明，中间的灰色代表不同程度的半透明。Alpha通道常用于精细地控制图像的边缘羽化、遮罩，或者作为保存和载入选区的工具。

3. 专色通道

专色通道（也称专色油墨）是一种特殊的颜色通道，用于补充印刷中的CMYK 4色油墨，以呈现CMYK 4色油墨无法准确混合出的特殊颜色，例如亮丽的橙色、鲜艳的绿色、荧光色、金属色等。

7.1.2 "通道"面板

"通道"面板允许用户查看、编辑和管理图像的颜色通道、Alpha通道及专色通道。执行"窗口"|"通道"命令，打开"通道"面板，图7-1、图7-2所示分别为RGB和CMYK模式下的"通道"面板。该面板中展示了当前图像文件的颜色模式相应的通道。

图 7-1

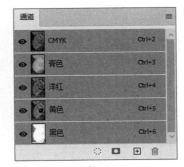

图 7-2

该面板中主要选项的功能如下。

● **指示通道可见性图标** ：图标为 状态时，图像窗口显示该通道的图像。单击该图标后，图标变为 形状，隐藏该通道的图像。

● **将通道作为选区载入** ：单击该按钮，可将当前通道快速转换为选区。

- **将选区存储为通道**▣：单击该按钮，可将图像中选区之外的图像转换为一个蒙版的形式，并将选区保存在新建的Alpha通道中。
- **创建新通道**▣：单击该按钮，可创建一个新的Alpha通道。
- **删除当前通道**🗑：单击该按钮，可删除当前通道。

7.2 通道的基本操作

通道的基本操作包括Alpha通道和专色通道的创建、通道的分离与合并，以及通道的辅助与删除。

7.2.1 创建Alpha通道

单击"通道"面板底部的"创建新通道"按钮▣，或单击面板右上角的"菜单"按钮，在弹出的菜单中选择"新建通道"选项，弹出"新建通道"对话框，如图7-3所示。在该对话框中设置新通道的名称等参数，完成后单击"确定"按钮，即可新建Alpha通道，如图7-4所示。

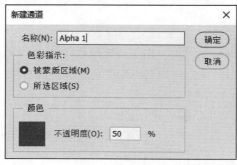
图 7-3

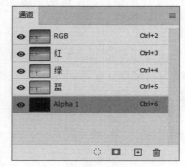
图 7-4

7.2.2 创建专色通道

单击"通道"面板右上角的"菜单"按钮，在弹出的菜单中选择"新建专色通道"选项，弹出"新建专色通道"对话框，如图7-5所示。在该对话框中设置专色通道的颜色和名称，完成后单击"确定"按钮，即可新建专色通道，如图7-6所示。若要更改油墨颜色，可以在"通道混合选项"中进行设置和调整。

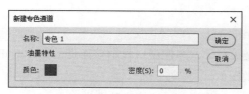
图 7-5

图 7-6

7.2.3 通道的分离与合并

　　如果要将图像的颜色通道分别导出为独立的灰度图像进行存储和进一步处理，可以通过分离通道实现。在"通道"面板中单击右上角的"菜单"按钮，再在弹出的菜单中选择"分离通道"选项，如图7-7所示。

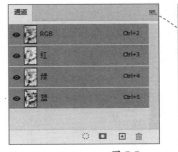

图 7-7

　　一旦分离通道完成，原图像将在图像窗口中关闭，并且每个颜色通道都作为一个独立的灰度图像文件打开，标题栏中显示原文件名称加上对应通道名称的缩写。图7-8所示为原图，软件自动将其分离为3个独立的灰度图像，图7-9、图7-10、图7-11所示分别为红、绿、蓝。

图 7-8　　　　　　　　图 7-9　　　　　　　　图 7-10　　　　　　　　图 7-11

> ✅**知识点拨** 分离通道通常用于将特定通道作为单独图像处理的场合，比如制作单色调图像或进行高级图像处理。此外，某些图像（如PSD分层图像）格式不支持分离通道操作。

　　分离后的灰度图像可以合并为一个完整的彩色图像。任选一张分离后的图像，单击"通道"面板中右上角的"菜单"按钮，在弹出的菜单中选择"合并通道"选项，如图7-12所示。弹出"合并通道"对话框，在该对话框中设置模式参数，如图7-13所示。单击"确定"按钮，在弹出的"合并RGB通道"对话框中，可以分别指定分离后的图像作为红色、绿色、蓝色通道进行合并，如图7-14所示。

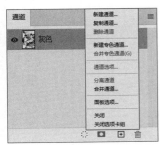  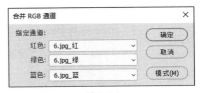

图 7-12　　　　　　　　　图 7-13　　　　　　　　　图 7-14

> ✅**知识点拨** 需合并图像的大小和分辨率必须相同，否则无法进行通道合并。

7.2.4 通道的复制与删除

若要对通道中的选区进行编辑，可先复制该通道的内容，再进行编辑，避免编辑后不能还原图像。选中目标通道，右击，在弹出的菜单中选择"复制通道"选项，如图7-15所示。在弹出的"复制通道"对话框中设置参数，如图7-16所示。单击"确定"按钮，即可完成通道的复制。

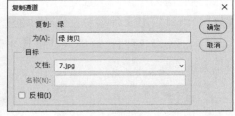

图 7-15　　　　　　　　　　　　　　　　　图 7-16

也可以直接将目标通道拖曳至"创建新通道"按钮，如图7-17所示。释放鼠标，即可完成通道的复制，如图7-18所示。

图 7-17　　　　　　　　　　　　　　　图 7-18

选择要删除的通道，拖曳至"删除当前通道"按钮处，或者选择"删除通道"选项，直接删除该通道。若选中删除通道时，单击"删除当前通道"按钮，则会弹出删除提示框，如图7-19所示。单击"确定"按钮，跳转至复合通道处，如图7-20所示。

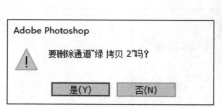

图 7-19　　　　　　　　　　　　　　　图 7-20

动手练 **移动泼溅的水花**

📖 **素材位置：本书实例\第7章\移动泼溅的水花\水花jpg和背景.jpg**

本练习将介绍使用通道分离水花与背景的方法，主要运用的知识包括通道的复制、色阶的调整，以及选区的创建等。具体操作过程如下。

步骤01 将素材文件拖曳至Photoshop，如图7-21所示。

步骤02 执行"窗口"|"通道"命令，弹出"通道"面板，观察几个通道，"蓝"通道对比最明显，所以将"蓝"通道拖至"创建新通道"按钮，复制该通道，如图7-22所示。

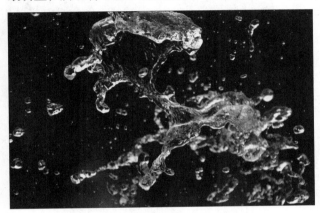

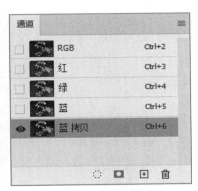

图 7-21

图 7-22

步骤03 按Ctrl+L组合键，在弹出的"色阶"对话框中选择黑色吸管，吸取背景颜色，增加背景与水滴对比，如图7-23、图7-24所示。

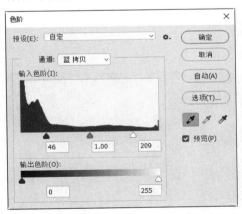

图 7-23

图 7-24

步骤04 选择"加深工具"，在属性栏中设置参数，如图7-25所示。

图 7-25

步骤05 涂抹画面灰色部分，如图7-26所示。

步骤06 按住Ctrl键，同时单击"蓝 拷贝"通道缩览图，载入选区，如图7-27所示。

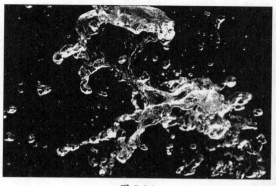

图 7-26   图 7-27

步骤07 单击"图层"面板底部的"添加图层蒙版"按钮 ⬛，为图层添加蒙版，如图7-28、图7-29所示。

图 7-28

图 7-29

步骤08 将素材文件拖曳至Photoshop，如图7-30所示。

步骤09 调整图层顺序，如图7-31所示。

图 7-30

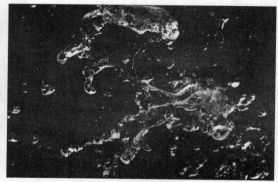

图 7-31

7.3 认识蒙版

蒙版是一种强大的工具，用于控制图像的可见部分，实现非破坏性编辑和精确的选择区域调整。

7.3.1 蒙版的功能

蒙版在Photoshop中的应用非常广泛，主要用于合成图像、控制显示区域及保护图像等。蒙版的功能体现在以下方面。

1. 图像合成

调整不同图层的蒙版，可以控制各图层之间的透明度、混合模式等，实现图像的完美融合，从而实现丰富多样的视觉效果。

2. 局部调整

蒙版用于对图像的特定区域进行局部调整，而不影响其他部分。例如，可以使用蒙版调整图像中某个对象的亮度、对比度或色彩，而保持背景或其他对象不变。

3. 保护原始图像

使用蒙版可以在不破坏原始图像的基础上进行修改和编辑。可以在蒙版上进行绘制、擦除或调整操作，而这些操作只会影响蒙版本身，不会直接修改原始图像。

4. 创建特殊效果

蒙版还可用于创建各种特殊效果。例如，使用渐变蒙版，可以创建图像之间的平滑过渡效果；使用快速蒙版，可以快速创建和编辑选区，从而用于各种特效处理。

7.3.2 蒙版的类型

蒙版类型主要分为快速蒙版、矢量蒙版、图层蒙版及剪贴蒙版。掌握不同类型的蒙版及其特点，可以更高效地进行图像创作和调整。

1. 快速蒙版

快速蒙版是一种非破坏性的临时蒙版，用于直观高效地创建与编辑图像选区，尤其适用于需要手工编辑和调整的复杂选区。

按Q键或在工具箱中单击■按钮，启用快速蒙版模式后，现有的选区会被转换为一个临时、可视化的蒙版层，默认情况下表现为半透明的红色叠加层，如图7-32所示。可以使用画笔工具、橡皮擦工具及其他绘图工具进行调整，再次按Q键，退出快速蒙版模式，编辑的蒙版将重新转换为实际、精细化的图像选区，如图7-33所示。

图 7-32

图 7-33

2. 矢量蒙版

矢量蒙版也叫路径蒙版，是配合路径一起使用的蒙版，它的特点是可以任意放大或缩小而不失真，因为矢量蒙版是矢量图形，适用于需要精确控制图像显示区域和创建复杂图像效果的场景。

选择"矩形工具"，在选项栏中设置"路径"模式，再在图像中绘制路径，如图7-34所示。在"图层"面板中，按住Ctrl键，同时单击"图层"面板底部的"添加图层蒙版"按钮，如图7-35所示。

图 7-34　　　　　　　　　　　　　　　　　　图 7-35

创建的矢量蒙版效果如图7-36所示，矢量蒙版中的路径都是可编辑的，可以根据需要随时调整其形状和位置，进而改变图层内容的遮罩范围，如图7-37所示。

图 7-36　　　　　　　　　　　　　　　　　　图 7-37

3. 图层蒙版

图层蒙版是最常见的一种蒙版类型，它附着在图层上，用于控制图层的可见性，通过隐藏或显示图层的部分区域实现各种图像编辑效果。图层蒙版常用于非破坏编辑图像，实现更精确的过渡效果。

选择要添加蒙版的图像，如图7-38所示。单击"图层"面板底部的"添加图层蒙版"按钮，图层上添加一个全白的蒙版缩略图，如图7-39所示。

图 7-38

图 7-39

选择"画笔工具",设置前景色为黑色,在图层蒙版上进行绘制即可,可调整画笔的不透明度,实现柔和的过渡效果,如图7-40所示。在"图层"面板中,蒙版中的白色表示完全显示该图层的内容,黑色表示完全隐藏,灰色则表示不同程度的透明度,如图7-41所示。

图 7-40

图 7-41

✓ 知识点拨 按住Alt键,同时单击"添加图层蒙版"按钮,可以创建一个全黑的蒙版,也就是空蒙版,表示该图层的内容将完全隐藏。

4. 剪贴蒙版

剪贴蒙版使用处于下方图层的形状限制上方图层的显示状态。剪贴蒙版由两部分组成:一部分为基层,即基础层,用于定义显示图像的范围或形状;另一部分为内容层,用于存储要表现的图像内容。

在"图层"面板中,按Alt键,同时将光标移至两图层间的分隔线上,当其变为 形状时单击即可,如图7-42、图7-43所示。或在面板中选择剪贴图层中的内容层,按Ctrl+Alt+G组合键。再次按Ctrl+Alt+G组合键,或者选择内容图层,右击,在弹出的菜单中选择"释放剪贴蒙版"选项,释放剪贴蒙版。

图 7-42

图 7-43

平面设计核心应用标准教程（微课视频版）
Photoshop + Illustrator

 动手练 巧妙地隔窗换景

素材位置：**本书实例\第7章\隔窗换景\窗.jpg**

本练习将介绍窗外风景的更换操作，主要运用的知识包括弯度钢笔的使用、选区的创建与编辑，以及剪切蒙版的应用。具体操作过程如下。

步骤01 将素材文件拖曳至Photoshop，如图7-44所示。

步骤02 选择"弯度钢笔工具"绘制选区，如图7-45所示。

图 7-44

图 7-45

步骤03 按Ctrl+Enter组合键创建选区，按Ctrl+J组合键复制选区，如图7-46所示。

步骤04 拖曳素材图像至Photoshop，如图7-47所示。

图 7-46

图 7-47

步骤05 按Ctrl+Alt+G组合键创建剪贴蒙版，调整位置，如图7-48、图7-49所示。

图 7-48

图 7-49

7.4 蒙版的基本操作

蒙版的基本操作包括蒙版的转移与复制、蒙版的停用与启用，以及蒙版的羽化与边缘调整。

7.4.1 蒙版的转移与复制

创建蒙版后，若要将一个图层的蒙版转移到另一个图层，首先确保目标图层没有蒙版。然后按住鼠标左键将当前图层的蒙版缩略图直接拖曳至目标图层，如图7-50所示，释放鼠标后，当前图层的蒙版会被转移至目标图层，而原图层中不再有蒙版，如图7-51所示。

图 7-50

图 7-51

按住Alt键，同时用鼠标左键将当前图层的蒙版缩略图拖曳至另一个图层，如图7-52所示。释放鼠标后，当前图层的蒙版会被复制到目标图层，且两个图层都会有各自的蒙版，如图7-53所示。

图 7-52

图 7-53

在"图层"面板中的蒙版缩览图上右击，再在弹出的菜单中选择"删除图层蒙版"选项，如图7-54所示。或者直接拖曳图层缩览图蒙版至"删除图层"按钮，如图7-55所示。

图 7-54

图 7-55

7.4.2　蒙版的停用与启用

停用与启用蒙版有助于对图像使用蒙版前后的效果进行更多的对比观察。

在"图层"面板中右击图层蒙版缩览图，再在弹出的菜单中选择"停用图层蒙版"选项，如图7-56所示。或按住Shift键，同时单击图层蒙版缩览图，此时图层蒙版缩览图中会出现一个红色的×标记，如图7-57所示。

图 7-56

图 7-57

若要重新启用图层蒙版功能，可以右击图层蒙版缩览图，在弹出的菜单中选择"启用图层蒙版"选项，如图7-58所示。或按住Shift键，同时单击图层蒙版缩览图，启用蒙版，如图7-59所示。

图 7-58

图 7-59

7.4.3　蒙版的羽化与边缘调整

蒙版的羽化与边缘调整用于实现更自然和柔和的图像过渡效果，避免边缘生硬。

1. 蒙版的羽化

蒙版的羽化通过设置蒙版中的渐变工具，将图片从不透明逐渐变为透明，从而实现图片边缘的柔和效果。置入素材后创建蒙版，选择"渐变工具"，在选项栏中设置参数，可根据需要调整渐变的范围和透明度，图7-60、图7-61所示为羽化前后的效果。

2. 边缘调整

蒙版的边缘调整用于优化蒙版与图像之间的过渡效果，使边缘看起来更柔和、自然。创建蒙版后，在上下文任务栏单击"修改蒙版的羽化和密度"按钮，再在弹出的对话框中设置密羽化参数，前后效果如图7-62、图7-63所示。

图 7-60

图 7-61

图 7-62

图 7-63

调整密度可以调整其不透明度，如图7-64所示。当密度值为0%时，蒙版完全不透明，如图7-65所示。

图 7-64

图 7-65

动手练 文字穿插叠加效果

素材位置：**本书实例\第7章\文字穿插叠加效果\花.jpg**

本练习将制作文字穿插叠加效果，主要运用的知识包括文字的创建与编辑、剪切蒙版的创建、选区的创建与编辑等。具体操作过程如下。

步骤01 新建空白文档并填充颜色（#eceefc），选择"横排文字工具"，在"字符"面板中设置参数，如图7-66所示。

步骤02 输入文字并设置居中对齐，如图7-67所示。

图 7-66

图 7-67

步骤03 置入素材图像后调整大小，如图7-68所示。

步骤04 按Ctrl+Alt+G组合键，创建剪切蒙版，如图7-69所示。

图 7-68

图 7-69

步骤05 按Ctrl+J组合键，复制图层并调整不透明度，如图7-70、图7-71所示。

图 7-70

图 7-71

步骤06 选择"快速选择工具"创建选区，如图7-72所示。

步骤07 按Shift+Ctrl+I组合键反选，执行"选择"|"修改"|"扩展"命令，在弹出的"扩展选区"对话框中设置扩展量为2像素，如图7-73所示。

步骤08 使用"画笔工具"擦除选区内容，如图7-74所示。

步骤09 按Ctrl+D组合键取消选区，调整不透明度为100%，如图7-75所示。

步骤10 进行停用与启用蒙版操作，搭配"画笔工具"继续调整花朵的显示，如图7-76、图7-77所示。

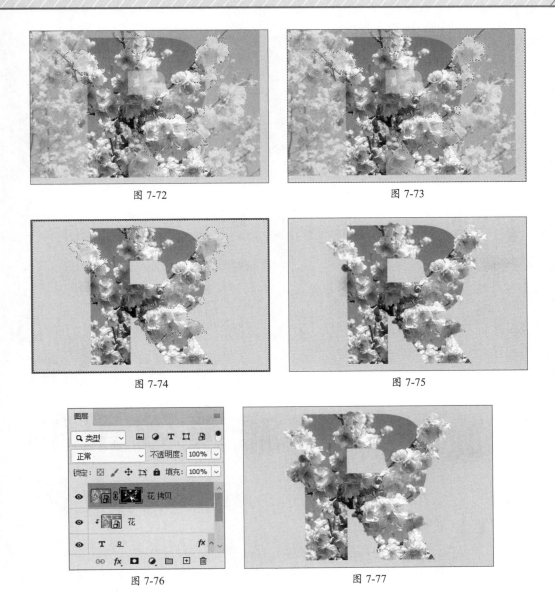

图 7-72　　　　　　　　　　　　　　　　　图 7-73

图 7-74　　　　　　　　　　　　　　　　　图 7-75

图 7-76　　　　　　　　　　　　　　　　　图 7-77

步骤11 双击文字图层，在弹出的"图层样式"对话框中添加内阴影效果，如图7-78、图7-79所示。

至此该文字叠加效果制作完成。

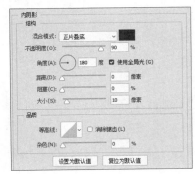

图 7-78

图 7-79

Ps+Ai

Photoshop+Illustrator

第8章
滤镜效果的
应用

本章将对滤镜效果进行讲解，包括智能滤镜、图像修饰滤镜及内置滤镜效果。了解并掌握这些基础知识，可以根据图像的内容和需求选择合适的滤镜，并通过灵活调节各项参数，实现对图像效果的精细化优化提升。

 要点难点

- 智能滤镜的转换
- 滤镜库的应用
- 图像修饰滤镜的应用
- 内置滤镜效果的应用

8.1 Photoshop中的滤镜

在Photoshop中，滤镜可用于添加或改变图像的各种视觉效果，从而极大地扩展用户对图像艺术化处理的能力。滤镜主要用于创建特殊效果，如模糊、锐化、扭曲、渲染纹理、调整色彩和光照，以及模拟传统艺术技法等。

8.1.1 滤镜的概念

Photoshop中所有的滤镜都在"滤镜"菜单中。单击"滤镜"按钮，弹出"滤镜"菜单，如图8-1所示。滤镜组中有多个滤镜命令，可通过执行一次或多次滤镜命令为图像添加不同的效果。

该菜单栏中主要选项的功能如下。

- 第1栏：显示最近使用过的滤镜。
- 第2栏："转换为智能滤镜"：可以整合多个不同的滤镜，并对滤镜效果的参数进行调整和修改，使图像的处理过程更智能化。
- 第3栏：独立特殊滤镜。单击后即可使用。
- 第4栏：滤镜组。每个滤镜组中又包含多个滤镜命令。

若安装了外挂滤镜，则会出现在"滤镜"菜单底部。

图 8-1

8.1.3 智能滤镜的概念

智能滤镜是一种非破坏性滤镜，应用于智能对象的滤镜都可称为智能对象滤镜。可以随时调整和撤销滤镜效果，而不会对原始图像造成破坏。选择智能对象图层，应用任意滤镜，右击，在弹出的菜单中对智能滤镜进行编辑，如图8-2所示。

- 编辑智能滤镜混合选项：调整滤镜的模式和不透明度，如图8-3所示。
- 编辑智能滤镜：重新更改应用滤镜的参数。
- 停用智能滤镜：隐藏停用智能滤镜。
- 删除智能滤镜：删除该智能滤镜。

图 8-2

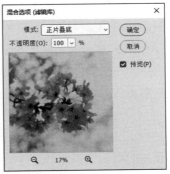

图 8-3

8.2 图像修饰滤镜

图像修饰滤镜包括滤镜库、Camera Raw滤镜、液化滤镜及消失点滤镜，可以改善图像质量和外观。

8.2.1 "滤镜库"滤镜

滤镜库是集成了多种滤镜效果的工具集合。执行"滤镜"|"滤镜库"命令，弹出"滤镜库"对话框，如图8-4所示。在该对话框中可以单击滤镜缩略图，预览该滤镜对图像的效果，还可以调整右侧参数控制滤镜的强度和其他属性，以达到期望的效果。

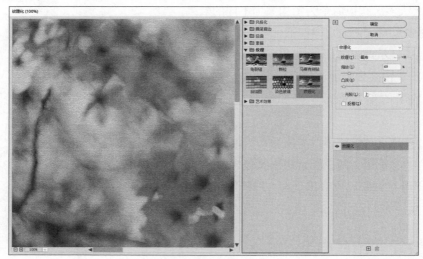

图 8-4

该对话框中主要选项的功能如下。

- 预览框：可预览图像的变化效果，单击底部的□□按钮，可缩小或放大预览框中的图像。
- 滤镜组：该区域显示了"风格化""画笔描边""扭曲""素描""纹理"和"艺术效果"6组滤镜，单击每组滤镜前面的三角形图标展开该滤镜组，即可看到该组中包含的具体滤镜。
- 显示/隐藏滤镜缩览图▣：单击该按钮可显示或隐藏滤镜缩览图。
- "滤镜"弹出式菜单与参数设置区：在"滤镜"弹出式菜单中选择所需滤镜，并在其下方区域中设置当前应用滤镜的各个参数值和选项。
- 选择滤镜显示区域：单击某个滤镜效果图层，显示选择该滤镜；其余的属于已应用但未选择的滤镜。
- 隐藏滤镜◉：单击效果图层前面的◉图标，隐藏滤镜效果；再次单击，将显示被隐藏的效果。
- 新建效果图层：若要同时使用多个滤镜，则可单击该按钮，新建一个效果图层，从而实现多滤镜的叠加使用。
- 删除效果图层：选择一个效果图层后，单击该按钮，即可将其删除。

8.2.2 Camera Raw滤镜

Camera Raw滤镜不但提供了导入和处理相机原始数据的功能，还可以处理不同相机和镜头拍摄的图像，并进行色彩校正、细节增强、色调调整等处理。执行"滤镜"|"Camera Raw滤镜"命令，弹出"Camera Raw滤镜"对话框，如图8-5所示。

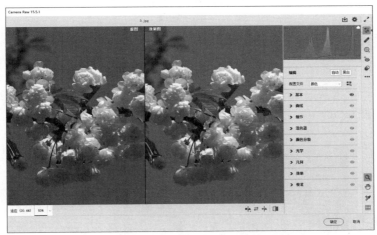

图 8-5

该对话框中"编辑"选项的功能如下。

- **基本**：使用滑块对白平衡、色温、色调、曝光度、高光、阴影等进行调整。
- **曲线**：使用曲线微调色调等级。还可在参数曲线、点曲线、红色通道、绿色通道和蓝色通道中进行选择。
- **细节**：使用滑块调整锐化、降噪并减少杂色。
- **混色器**：在HSL和"颜色"之间进行选择，以调整图像中的不同色相。
- **颜色分级**：可使用色轮精确调整阴影、中色调和高光中的色相。还可调整这些色相的"混合"与"平衡"。
- **光学**：能够删除色差、扭曲和晕影。使用"去边"对图像中的紫色或绿色色相进行采样和校正。
- **几何**：调整不同类型的透视和色阶校正。选择"限制裁切"可在应用"几何"调整后快速移除白色边框。
- **效果**：使用滑块添加颗粒或晕影。
- **校准**：从"处理"下拉菜单中选择"处理版本"，并调整阴影、红原色、绿原色和蓝原色滑块。

可在右侧工具栏中切换修复、蒙版、红眼、预设、缩放、抓手，切换取样器叠加及切换网格覆盖图。

- **修复**：选择修复类工具，单击或在需要修复的区域中涂抹，即可去除。
- **蒙版**：使用各种工具编辑图像的任意部分以定义要编辑的区域。
- **红眼**：去除图像中的红眼或宠物眼。
- **预设**：访问和浏览适用于不同肤色、电影、旅行、复古等肖像的高级预设。

● 缩放 ![缩放图标]：放大或缩小预览图像。双击"缩放"图标，可返回"适合视图"。
● 抓手 ![抓手图标]：放大后，使用抓手工具在预览中移动并查看图像区域。在使用其他工具的同时，按住空格键可暂时激活抓手工具。双击抓手工具，可使预览图像适合窗口的大小。
● 切换取样器叠加 ![图标]：单击图像任意处，添加颜色取样器。
● 切换网格覆盖图 ![图标]：切换至网格模式，可以调整网格的大小和不透明度。

8.2.3 "液化"滤镜

液化滤镜用于对图像的任何区域进行各种变形操作，如推、拉、旋转、反射、折叠和膨胀等。执行"滤镜"|"液化"命令，弹出"液化"对话框，该对话框提供了液化滤镜的工具、选项和图像预览，如图8-6所示。

图 8-6

该对话框中主要选项的功能如下。
● 向前变形工具 ![图标]：使用该工具可以移动图像中的像素，得到变形效果。
● 重建工具 ![图标]：使用该工具在变形的区域单击或拖曳鼠标进行涂抹，可使变形区域的图像恢复到原始状态。
● 平滑工具 ![图标]：用于平滑调整后的图像边缘。
● 顺时针旋转扭曲工具 ![图标]：使用该工具在图像中单击或移动鼠标时，图像会被顺时针旋转扭曲；当按住Alt键单击时，图像会被逆时针旋转扭曲。
● 褶皱工具 ![图标]：使用该工具在图像中单击或移动鼠标时，可使像素向画笔中间区域的中心移动，使图像产生收缩效果。
● 膨胀工具 ![图标]：使用该工具在图像中单击或移动鼠标时，可使像素向画笔中心区域以外的方向移动，使图像产生膨胀效果。
● 左推工具 ![图标]：使用该工具可以使图像产生挤压变形效果。
● 冻结蒙版工具 ![图标]：使用该工具可以在预览窗口绘制出冻结区域，调整时冻结区域内的图像不会受到变形工具的影响。
● 解冻蒙版工具 ![图标]：使用该工具涂抹冻结区域可以解除该区域的冻结。

- 脸部工具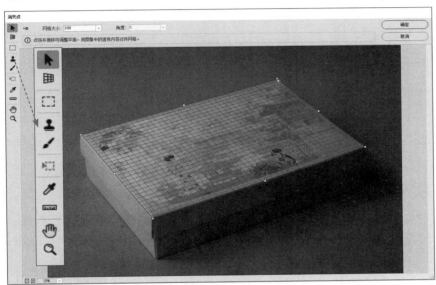：使用该工具可以自动识别人的五官和脸型，当鼠标置于五官的上方图像出现调整五官脸型的线框，拖曳线框可以改变五官的位置、大小，也可在右侧人脸识别液化属性窗口中设置参数，调整人物的脸型。

8.2.4 "消失点" 滤镜

消失点滤镜能够在保证图像透视角度不变的前提下，对图像进行绘制、仿制、复制、粘贴及变换等操作。操作会自动应用透视原理，按照透视的角度和比例自适应图像的修改，从而大大节约精确设计和修饰照片所需的时间。执行"滤镜"|"消失点"命令，弹出"消失点"对话框，如图8-7所示。

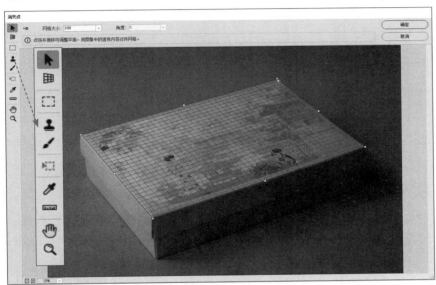

图 8-7

该对话框中主要选项的功能如下。

- 编辑平面工具：使用该工具，可选择、编辑、移动平面和调整平面大小。
- 创建平面工具：使用该工具，单击图像中透视平面或对象的四个角，可创建平面，还可从现有的平面伸展节点拖出垂直平面。
- 选框工具：使用该工具，在图像中单击并移动可选择该平面上的区域，按住Alt键拖曳选区，可将区域复制到新目标；按住Ctrl键拖曳选区，可用源图像填充该区域。
- 图章工具：使用该工具，在图像中按住Alt键单击，可为仿制设置源点，然后单击并拖曳鼠标可进行绘画或仿制。按住Shift键单击，可将描边扩展到上一次单击处。
- 画笔工具：使用该工具，在图像中单击并拖曳鼠标，可进行绘画。按住Shift键单击，可将描边扩展到上一次单击处。选择"修复明亮度"，可将绘画调整为适应阴影或纹理。
- 变换工具：使用该工具，可缩放、旋转和翻转当前选区。
- 吸管工具：使用该工具，可在图像中吸取颜色，也可单击"画笔颜色"色块，弹出"拾色器"。
- 测量工具：使用该工具，可在透视平面中测量项目中的距离和角度。

动手练 **制作水彩画效果**

📙 素材位置：**本书实例\第8章\制作水彩画效果\古建筑.jpg**

本练习将制作水彩画效果，主要运用的知识包括智能滤镜、滤镜库、模糊滤镜及风格化等滤镜。具体操作过程如下。

步骤01 将素材文件拖曳至Photoshop，如图8-8所示。

步骤02 右击，在弹出的菜单中选择"转换为智能对象"选项，如图8-9所示。

图 8-8 　　　　　　　　　　　　　　　　　图 8-9

步骤03 执行"滤镜"|"滤镜库"命令，选择"干画笔"滤镜设置参数，如图8-10所示。

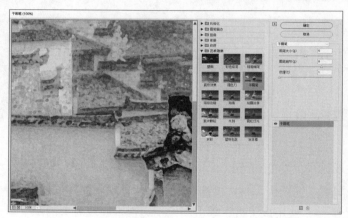

图 8-10

步骤04 效果如图8-11所示。

步骤05 更改图层的混合模式为"点光"，如图8-12所示。

图 8-11 　　　　　　　　　　　　　　　　　图 8-12

步骤06 执行"滤镜"|"模糊"|"特殊模糊"命令，在弹出的"特殊模糊"对话框中设置参数，如图8-13所示。

步骤07 效果如图8-14所示。

图 8-13

图 8-14

步骤08 在"图层"面板中右击，在弹出的菜单中选择"编辑智能滤镜混合选项"，再在"混合选项（特殊模糊）"对话框中设置参数，如图8-15所示。

步骤09 效果如图8-16所示。

图 8-15

图 8-16

步骤10 执行"滤镜"|"风格化"|"查找边缘"命令，效果如图8-17所示。

步骤11 在"图层"面板中右击，在弹出的菜单中选择"编辑智能滤镜混合选项"，再在"混合选项（查找边缘）"对话框中设置参数，如图8-18所示。

图 8-17

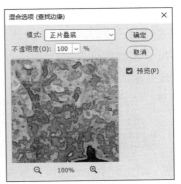

图 8-18

步骤12 最终效果如图8-19所示。

图 8-19

8.3 常用内置滤镜效果

　　Photoshop中常用的内置滤镜效果主要包括风格化、模糊、扭曲、锐化、像素化、渲染、杂色和其他等滤镜组，每个滤镜组中又包含多种滤镜效果，可根据需要自行选择图像效果。

8.3.1 风格化滤镜组

　　"风格化"滤镜组中的滤镜主要通过置换像素和查找并增加图像的对比度，创建绘画式或印象派艺术效果。执行"滤镜"|"风格化"命令，打开如图8-20所示的子菜单。该滤镜组中各滤镜的功能如下。

> 查找边缘
> 等高线…
> 风…
> 浮雕效果…
> 扩散…
> 拼贴…
> 曝光过度
> 凸出…
> 油画…

图 8-20

- **查找边缘**：该滤镜可以查找图像对比度强烈的边界并对其描边，突出边缘。
- **等高线**：该滤镜可以查找图像的主要亮度区域，并为每个颜色通道勾勒主要亮度区域的转换，以获得与等高线图中线条类似的效果。
- **风**：该滤镜可以通过添加细小水平线的方式模拟风吹的效果。
- **浮雕效果**：该滤镜可以通过勾勒图像轮廓、降低周围色值的方式使选区凸起或压低。
- **扩散**：该滤镜可以通过移动像素模拟通过磨砂玻璃观察物体的效果。
- **拼贴**：该滤镜可以将图像分解为小块并使其偏离原来的位置。
- **曝光过度**：该滤镜可以混合正片和负片图像，模拟显影过程中短暂曝光照片的效果。
- **凸出**：该滤镜可以通过将图像分解为多个大小相同且重叠排列的立方体，创建特殊的3D纹理效果。
- **油画**：该滤镜可以创建具有油画效果的图像。

8.3.2 模糊滤镜组

　　"模糊"滤镜组中的滤镜可以减少相邻像素间颜色的差异，使图像产生柔和、模糊的效果。执行"滤镜"|"模糊"命令，打开如图8-21所示的菜单。该滤镜组中各滤镜的功能如下。

- 表面模糊：该滤镜可以在保留边缘的同时模糊图像，常用于创建特殊效果并消除杂色或颗粒。
- 动感模糊：该滤镜可以沿指定方向指定强速进行模糊。
- 方框模糊：该滤镜基于相邻像素的平均颜色值模糊图像，生成类似方块状的特殊模糊效果。
- 高斯模糊：该滤镜可以快速模糊图像，添加低频细节，产生一种朦胧效果。
- 进一步模糊：该滤镜可以平衡已定义的线条和遮蔽区域清晰边缘旁边的像素，使变化显得柔和。效果比"模糊"滤镜强3～4倍。
- 径向模糊：该滤镜可以模拟相机缩放或旋转产生的模糊效果。
- 镜头模糊：该滤镜可以模拟镜头景深效果，模糊图像区域。
- 模糊：该滤镜可以在图像中颜色出现显著变化的地方消除杂色。通过平衡已定义的线条和遮蔽区域清晰边缘旁边的像素，使变化显得柔和。
- 平均：该滤镜可以找出图像或选区的平均颜色，然后用该颜色填充图像或选区以创建平滑的外观。
- 特殊模糊：该滤镜可以精确地模糊图像，在模糊图像的同时仍具有清晰的边界。
- 形状模糊：该滤镜可以以指定的形状为模糊中心创建特殊的模糊。

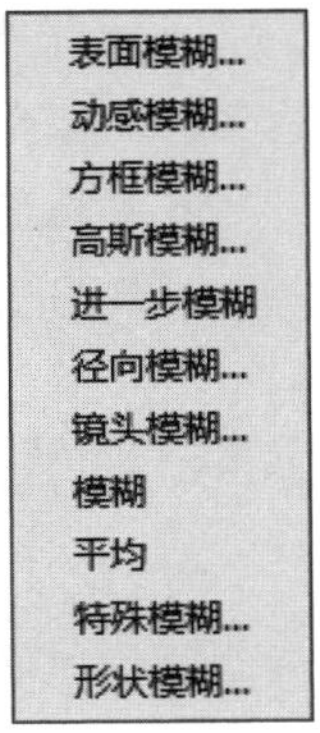

图 8-21

8.3.3　扭曲滤镜组

"扭曲"滤镜组中的滤镜用于对平面图像进行扭曲，使其产生旋转、挤压、水波和三维等变形效果。执行"滤镜"|"扭曲"命令，打开图8-22所示的子菜单。该滤镜组中各滤镜的功能如下。

- 波浪：该滤镜可以根据设定的波长和波幅产生波浪效果。
- 波纹：该滤镜可以根据参数设定产生不同的波纹效果。
- 极坐标：该滤镜可以将图像由直角坐标系转化为极坐标系，或由极坐标系转化为直角坐标系，产生极端变形效果。
- 挤压：该滤镜可以使全部图像或选区图像产生向外或向内挤压的变形效果。

图 8-22

- 切变：该滤镜可根据用户在对话框中设置的垂直曲线使图像发生扭曲变形。
- 球面化：该滤镜可使图像区域膨胀实现球形化，形成类似将图像贴在球体或圆柱体表面的效果。
- 水波：该滤镜可以模仿水面上产生的起伏状波纹和旋转效果，用于制作同心圆类的波纹。
- 旋转扭曲：该滤镜可以使图像发生旋转扭曲，中心的旋转程度大于边缘的旋转程度。
- 置换：该滤镜可以使用另一个PSD文件确定如何扭曲选区。

- **海洋波纹**：该滤镜收录于滤镜库中，使用该滤镜可为图像表面增加随机间隔的波纹，使图像产生类似海洋表面的波纹效果，包括"波纹大小"和"波纹幅度"两个参数。
- **扩散亮光**：该滤镜收录于滤镜库中，使用该滤镜可使图像产生光热弥漫的效果，用于体现强烈光线和烟雾效果。

8.3.4 锐化滤镜组

"锐化"滤镜组效果与"模糊"滤镜组相反，该滤镜组中的滤镜主要通过增强图像相邻像素间的对比度，使图像轮廓分明、纹理清晰，以减弱图像的模糊程度。执行"滤镜"|"锐化"命令，打开如图8-23所示的子菜单。

该滤镜组中各滤镜的功能如下。

| USM 锐化… |
| 进一步锐化 |
| 锐化 |
| 锐化边缘 |
| 智能锐化… |

图 8-23

- **USM锐化**：该滤镜可以通过增加图像像素的对比度，达到锐化图像的目的。与其他锐化滤镜不同的是，该滤镜有参数设置对话框，可设定锐化程度。
- **进一步锐化**：该滤镜可以通过增加图像像素间的对比度使图像清晰。锐化效果较"锐化"滤镜更强烈。
- **锐化**：该滤镜可以通过增加图像像素间的对比度使图像清晰化，锐化效果轻微。
- **锐化边缘**：该滤镜可以对图像中具有明显反差的边缘进行锐化处理。
- **智能锐化**：该滤镜可以设置锐化算法或控制阴影和高光区域的锐化量，以获得更好的边缘检测并减少锐化晕圈。

8.3.5 像素化滤镜组

"像素化"滤镜组中的滤镜可将图像中相似颜色值的像素转化为单元格，使图像分块或平面化，将图像分解为肉眼可见的像素颗粒，如方形、不规则多边形和点状等，视觉上看就是图像被转换为不同色块组成的图像。执行"滤镜"|"像素化"命令，打开如图8-24所示的子菜单。

该滤镜组中各滤镜的功能如下。

| 彩块化 |
| 彩色半调… |
| 点状化… |
| 晶格化… |
| 马赛克… |
| 碎片 |
| 铜版雕刻… |

图 8-24

- **彩块化**：该滤镜可以使纯色或相近颜色的像素结成颜色相近的像素块。
- **彩色半调**：该滤镜可以分离图像中的颜色，模拟在图像每个通道上使用放大的半调网屏的效果。
- **点状化**：该滤镜可将图像中的颜色分解为随机分布的网点。
- **晶格化**：该滤镜可将图像中颜色相近的像素集中到一个多边形网格中，产生晶格化效果。
- **马赛克**：该滤镜可以将图像分解为许多规则排列的小方块，模拟马赛克效果。
- **碎片**：该滤镜可以将图像中的像素复制4遍，然后将它们平均移位并降低不透明度，从而形成一种不聚焦的"四重视"效果。
- **铜板雕刻**：该滤镜可以将图像转换为黑白区域的随机图案或彩色图像中完全饱和颜色的随机图案。

8.3.6　渲染滤镜组

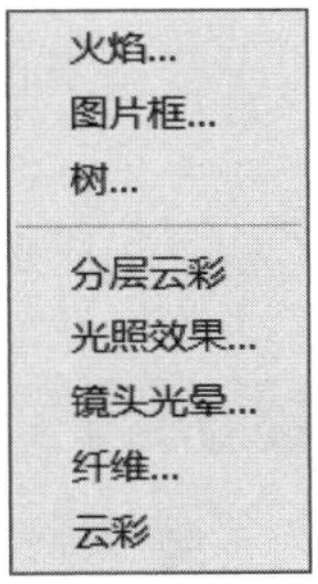

渲染滤镜用于在图像中产生光线照明的效果，通过渲染滤镜，还可以制作云彩效果。执行"滤镜"|"渲染"命令，弹出如图8-25所示的子菜单。

该滤镜组中各滤镜的功能如下。

火焰...
图片框...
树...

分层云彩
光照效果...
镜头光晕...
纤维...
云彩

图 8-25

- **火焰**：该滤镜可以为图像中的路径添加火焰效果。
- **图片框**：该滤镜可以为图像添加各种样式的边框。
- **树**：该滤镜可以为图像添加各种各样的树。
- **分层云彩**：该滤镜可应用前景色和背景色，对图像中的原有像素进行差异运算，产生图像与云彩背景混合并反白的效果。
- **光照效果**：该滤镜可在RGB图像上制作出各种光照效果。
- **镜头光晕**：该滤镜可为图像添加不同类型的镜头，模拟镜头产生的眩光效果，这是摄影技术中一种典型的光晕效果处理方法。
- **纤维**：该滤镜可将前景色和背景色混合填充图像，从而生成类似纤维的效果。
- **云彩**：该滤镜可应用介于前景色与背景色之间的随机值生成柔和的云彩图案。通常用于制作天空、云彩、烟雾等效果。

8.3.7　杂色滤镜组

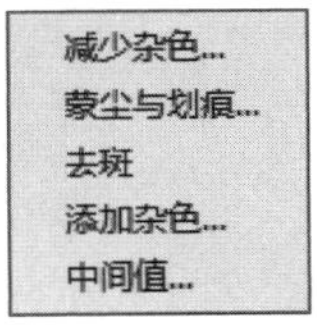

"杂色"滤镜组中的滤镜用于为图像添加一些随机产生的干扰颗粒，创建不同寻常的纹理或去掉图像中有缺陷的区域。执行"滤镜＞杂色"命令，打开如图8-26所示的子菜单。

该滤镜组中各滤镜的功能如下。

减少杂色...
蒙尘与划痕...
去斑
添加杂色...
中间值...

图 8-26

- **减少杂色**：该滤镜主要用于去除图像中的杂色。
- **蒙尘和划痕**：该滤镜可以通过将图像中有缺陷的像素融入周围的像素，达到除尘和涂抹的效果，减少杂色。
- **去斑**：该滤镜用于检测图像的边缘（发生显著颜色变化的区域）并模糊除边缘外的所有选区。"去斑"滤镜可以在去除杂色的同时保留细节。
- **添加杂色**：该滤镜主要用于向图像中添加像素颗粒，添加杂色。常用于添加纹理效果。
- **中间值**：该滤镜通过混合选区中像素的亮度平滑图像中的区域，减少图像的杂色。

8.3.8　其他滤镜组

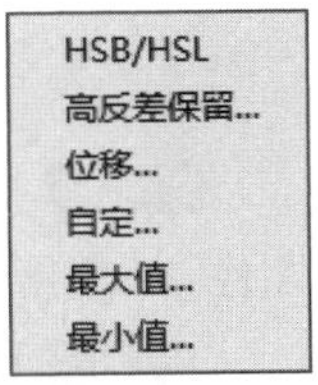

"其他"滤镜组可以自定义滤镜，也可以修饰图像的某些细节部分。执行"滤镜＞其他"命令，打开如图8-27所示的子菜单。

该滤镜组中各滤镜的功能如下。

HSB/HSL
高反差保留...
位移...
自定...
最大值...
最小值...

图 8-27

- **HSB/HSL**：该滤镜用于将图像由RGB模式转换为HSB模式或HSL模式。
- **高反差保留**：该滤镜用于删除图像中亮度具有一定过度变化的部分图像，保留色彩变化最大的部分，使图像中的阴影消失而突出亮点，与浮雕效果类似。

- 位移：该滤镜可通过调整参数设置对话框中的参数值控制图像的偏移。
- 自定：用户可以自定义滤镜，控制所有筛选像素的亮度值。每个被计算的像素由编辑框组中心的编辑框表示。
- 最大值：具有收缩的效果，向外扩展白色区域，并收缩黑色区域。
- 最小值：具有扩展的效果，向外扩展黑色区域，并收缩白色区域。

 动手练 **制作塑料薄膜效果** ——————————————————————

📄 **素材位置：本书实例\第8章\制作塑料薄膜效果\水果.jpg**

本练习将制作塑料薄膜效果，主要运用的知识包括液化滤镜、素材库滤镜的使用，以及图层混合模式的设置等。具体操作过程如下。

步骤01 将素材文件拖曳至Photoshop，如图8-28所示。

步骤02 在"图层"面板中新建透明图层，如图8-29所示。

图 8-28　　　　　　　　　　　　　　　　图 8-29

步骤03 执行"滤镜"|"渲染"|"云彩"命令，如图8-30所示。

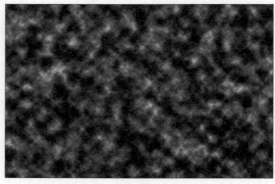

图 8-30

步骤04 执行"滤镜"|"液化"命令，在"液化"对话框中使用"向前变形工具🖉"，涂抹图像，如图8-31所示。

步骤05 执行"滤镜"|"滤镜库"命令，选择"绘画涂抹"滤镜，设置参数，如图8-32所示。

步骤06 添加"铬黄渐变"效果图层，设置参数，如图8-33所示。

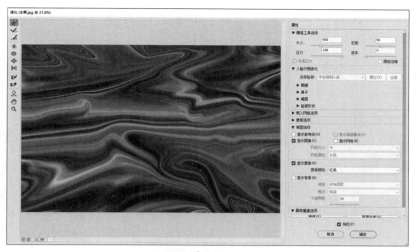

图 8-31

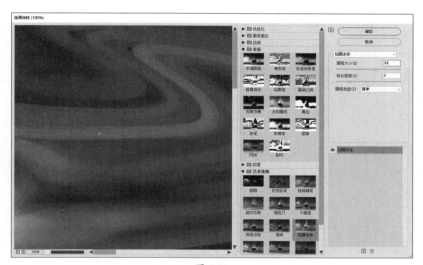

图 8-32

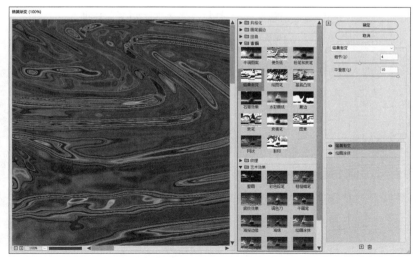

图 8-33

步骤07 按Ctrl+L组合键，在弹出的"色阶"对话框中设置参数，如图8-34所示。

步骤08 效果如图8-35所示。

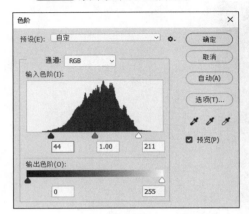

图 8-34

图 8-35

步骤09 按Ctrl+Alt+2组合键，选中高光部分，如图8-36所示。

步骤10 按Ctrl+J组合键复制，如图8-37所示。

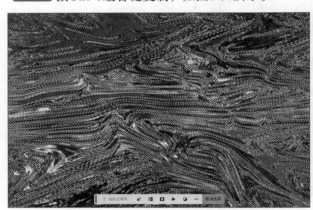

图 8-36

图 8-37

步骤11 删除图层1，更改图层2的混合模式为"强光"，如图8-38所示。

至此该效果制作完成，如图8-39所示。

图 8-38

图 8-39

Ps+Ai

Photoshop+Illustrator

第 9 章

Illustrator 基本应用

本章将对Illustrator的基础知识进行讲解，包括Illustrator工作界面、对象的显示调整、对象的选择、基本图形的绘制、路径的绘制及编辑。了解并掌握这些基础知识，可以让新手轻松入门，并高效地进行图形绘制和编辑工作。

 要点难点

- 掌握对象的显示调整
- 掌握对象的选择方法
- 掌握基本图形的绘制
- 掌握路径的绘制与编辑

9.1 初识Illustrator

Adobe Illustrator简称AI，是一种应用于出版、多媒体和在线图像的工业标准矢量插画软件。通常用于创建各种矢量图形，如徽标、图标、图表、插画等，在制作宣传册、海报、杂志、包装设计、标志及各类商业印刷品等版式设计工作中发挥着重要作用。

9.1.1 工作界面

启动Illustrator后，可发现其工作界面与前面所学的Photoshop大致相同，均包括标题栏、菜单栏、工具栏、浮动面板等。

图 9-1

> ✅**知识点拨** 在Illustrator和Photoshop的工作界面中，选项设置和历史记录管理存在明显差异。
> ● **选项与控制栏**：Photoshop中的选项栏提供了针对当前工具的特定选项，Illustrator则将这些选项整合到了控制栏中。
> ● **历史记录**：Photoshop有专门的历史记录面板记录编辑步骤，Illustrator则通过其他方式（如快捷键或菜单命令）实现撤销和重做功能，没有专门的历史记录面板。

9.1.2 对象的显示调整

在Adobe Illustrator中，调整图形对象的显示涉及多个方面，包括但不限于屏幕显示模式设置、画板设置、图像缩放及图像调整等。

1. 屏幕模式

在屏幕模式选项中可以更改窗口和菜单栏的可视性。单击工具栏底部的"切换屏幕模式"按钮 ▣，在弹出的菜单中选择不同的屏幕显示方式，如图9-2所示。按Esc键，恢复正常屏幕模式。

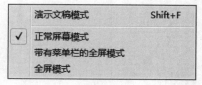

图 9-2

- **演示文稿模式**：此模式会将图稿显示为演示文稿，应用程序菜单、面板、参考线和边框处于隐藏状态。
- **正常屏幕模式**：在标准窗口中显示图稿，菜单栏位于窗口顶部，滚动条位于两侧。
- **带有菜单栏的全屏模式**：在全屏窗口中显示图稿，在顶部显示菜单栏，带滚动条。
- **全屏模式**：在全屏窗口中显示图稿，不显示菜单栏等工作界面。

2. 画板工具

画板工具用于创建不同大小的画板。选择"画板工具" 或按Shift+O组合键，在原有画板边缘显示定界框。按住Alt键移动复制，在控制栏单击 或 按钮，可更改画板方向。拖曳定界框，可以自定义画板大小，如图9-3所示。

图 9-3

在文档窗口中任意拖曳绘制，即可得到一个新的面板，直接拖曳可调整显示位置。在"画板工具"的控制栏中可以精确设置画板大小、方向、画板选项等，如图9-4所示。

图 9-4

单击"全部重新排列"按钮，在弹出的对话框中设置版面、列数及间距等参数，如图9-5所示。按住Shift键选中所有画板，单击"对齐"按钮，可选择画板对齐选项，图9-6所示为顶对齐 效果。

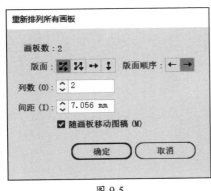

图 9-5

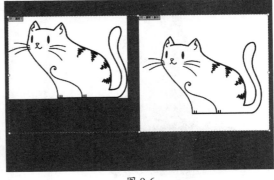

图 9-6

✓ 知识点拨 若画板中有隐藏或者锁定的对象，则移动画板时这些对象不会移动。

3. 裁剪工具

裁切图像功能仅适用于当前选定的图像。此外，链接的图像裁切后会变为嵌入的图像。图像被裁切的部分会被丢弃且不可恢复。

　　导入素材图像，在"选择工具"状态下，单击控制栏的"裁剪图像"按钮，弹出提示框，单击"确定"按钮即可。若在"嵌入"图像后单击"裁剪图像"按钮，则不会出现该提示框。拖曳裁剪框调整裁切区域大小，如图9-7所示。单击"应用"按钮或按回车键完成裁剪，如图9-8所示。

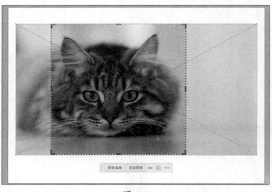

图 9-7

图 9-8

9.1.3　辅助工具的应用

　　常规的辅助工具包括标尺、参考线和网格。其中标尺、网格的使用方法与Photoshop中相同，参考线的使用有所不同，下面进行介绍。

　　参考线用于对齐文本和图形对象。可以创建标尺参考线（垂直或水平的直线）和参考线对象（转换为参考线的矢量对象）。

- 创建标尺参考线：创建标尺后，将光标放置在水平或垂直标尺上进行向下向左拖曳，即可创建参考线，如图9-9所示。
- 参考线对象：选择矢量图形后，执行"视图"|"参考线"|"创建参考线"命令，即可将对象转换为参考线，如图9-10所示。

图 9-9

图 9-10

✅**知识点拨** 创建的参考线会生成图层。若要对多个参考线进行编辑，可将其移入一个单独的图层。

9.1.4　对象的选择

选择对象是编辑和操作图形的基本任务。Illustrator提供了不同情况下的特定选择工具，使用户在进行图形编辑和设计时能够更高效、更精确。

1. 选择工具

选择工具用于选中整体对象。使用"选择工具" ▶ 单击，即可选择对象，按住Shift键在未选中对象上单击，可以加选对象，再次单击将取消选中。也可以在一个或多个对象的周围拖放鼠标，形成一个虚线框，如图9-11所示。释放鼠标，即可选中所有对象，如图9-12所示。

图 9-11

图 9-12

2. 直接选择工具

直接选择工具用于直接选中路径上的锚点或路径段。使用"直接选择工具" ▷，在要选中的对象锚点或路径段上单击，即可将其选中。被选中的锚点呈实心状，拖曳锚点或方向线可以调整显示状态。在对象周围拖曳画出一个虚线框，如图9-13所示，虚线框内的对象内容即可被全部选中，虚线框内的对象内容被扩选，锚点变为实心；虚线框外的锚点变为空心状态，如图9-14所示。

图 9-13

图 9-14

3. 编组选择工具

当对象被编组后，可以使用编组选择工具，也可以单独选中编组内的某个对象，而不会影响其他对象。使用"编组选择工具" ▷⁺ 单击，即可选中组中对象，如图9-15所示。再次单击，将选中对象所在的分组，如图9-16所示。

图 9-15

图 9-16

4. 魔棒工具

魔棒工具用于选择具有相似属性的对象，如填充、描边等。双击"魔棒工具" ✎，在弹出的"魔棒"面板中设置相关属性，如图9-17所示。在图形上单击，即可选择同色的填充路径，如图9-18所示。

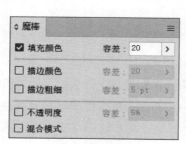

图 9-17

图 9-18

5. 套索工具

套索工具可以通过套索创建选择区域，选中区域内的对象。选择"套索工具" ⚲，在对象的外围单击并按住鼠标左键拖曳可绘制一个套索圈，如图9-19所示。释放鼠标，光标经过的对象将同时被选中，如图9-20所示。

图 9-19

图 9-20

动手练 按比例裁剪图像

📖 **素材位置：本书实例\第9章\按比例裁剪图像\插画.jpg**

本练习将介绍按比例裁剪图像的方法，主要运用的知识包括文档的打开、保存，画板的调整，以及图像的裁剪、应用等操作。具体操作过程如下。

步骤01 打开素材图像，如图9-21所示。

步骤02 选择"画板工具"，如图9-22所示。

图 9-21

图 9-22

步骤03 在控制栏中设置宽和高分别为100mm，如图9-23所示。

步骤04 按住Shift键调整图像高度，如图9-24所示。

图 9-23

图 9-24

步骤05 选择"裁剪工具"，调整裁剪显示范围，如图9-25所示。

步骤06 导出为JPG格式图像，如图9-26所示。

图 9-25

图 9-26

9.2 基本图形的绘制

Illustrator中提供了许多绘制基本图形的工具，如直线段工具、矩形工具、椭圆形工具、多边形工具等。

9.2.1 直线、弧形与螺旋线的绘制

用户可以使用直线段、弧形、螺旋线等线性工具绘制直线、曲线或者螺旋线。

1. 绘制直线

直线段工具用于绘制直线。选择"直线段工具" ，先在控制栏中设置描边参数，再在画板上单击并拖曳，释放鼠标后即可绘制自定义长度的直线段。若要绘制精准的直线，可以在画板上单击，再在弹出的"直线段工具选项"对话框中设置长度和角度，如图9-27所示。单击"确定"生成直线，可在选项栏中设置描边和填充参数，效果如图9-28所示。

图 9-27

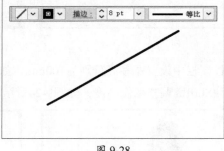

图 9-28

2. 绘制弧线 / 弧形

弧形工具用于绘制弧线与弧形。选择"弧形工具" ，拖曳鼠标可绘制自定义的弧线。若要精确绘制弧线，可以在画板上单击，弹出如图9-29所示的"弧线段工具选项"对话框，从中设置弧线长度、类型等参数。

3. 绘制螺旋线

螺旋线工具用于绘制螺旋线。选择"螺旋线工具" ，拖曳鼠标可绘制自定义的螺旋线。若要绘制精准的螺旋线，可以在画板上单击，弹出如图9-30所示的"螺旋线"对话框，设置螺旋线的半径、段数等参数。图9-31所示为不同方向的螺旋线。

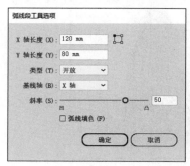

图 9-29

图 9-30

图 9-31

9.2.2 矩形、椭圆形的绘制

用户可以使用矩形工具、圆形矩形工具、椭圆工具绘制矩形、圆角矩形和椭圆形。

1. 绘制矩形 / 正方形

矩形工具用于绘制矩形和正方形。选择"矩形工具"■，绘制时按住Alt、Shift键等不同的快捷键会有不同的效果。

● 按住Alt键，光标变为田形状时，拖曳光标可以绘制以此为中心点向外扩展的矩形。

● 按住Shift键，可以绘制正方形。

● 按住Shift+Alt组合键，可以绘制以单击处为中心点的正方形。

若要绘制精准的矩形，可以在画板上单击，弹出"矩形"对话框，再在该对话框中设置宽度和高度，如图9-32所示。效果如图9-33所示。按住鼠标左键并拖曳圆角矩形的任意一角的控制点▸，可以调整为圆角圆形。

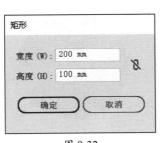

图 9-32

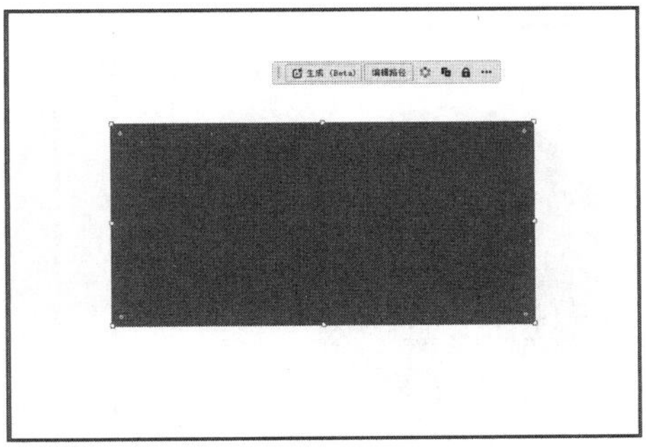

图 9-33

2. 绘制圆角矩形

圆角矩形工具用于绘制圆角矩形。选择"圆角矩形工具"▣，拖曳鼠标可绘制自定义的极坐标网格。若要绘制精确的圆角矩形，可以在画板上单击，再在弹出的"圆角矩形"对话框中设置参数，如图9-34、图9-35所示。

图 9-34

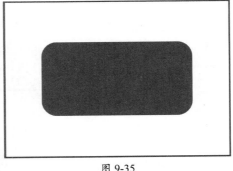

图 9-35

3. 绘制椭圆形 / 圆形

椭圆工具用于绘制椭圆形和正圆。选择"椭圆工具"⬭，在画板上拖曳鼠标，可绘制自定义大小的椭圆形和正圆。若要绘制精确的圆角矩形，可以在画板上单击，再在弹出的"椭圆"对话框中设置参数，如图9-36、图9-37所示。

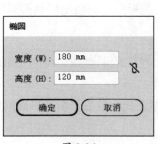

图 9-36

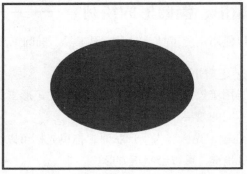

图 9-37

在绘制椭圆形的过程中按住Shift键，可以绘制正圆形；按住Alt+Shift键，可以绘制以起点为中心的正圆形，如图9-38所示。绘制完成后，将光标放至控制点，当光标变为▸形状后，可以将其调整为饼图，如图9-39所示。

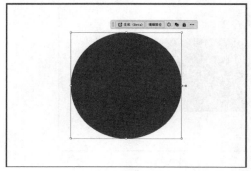

图 9-38

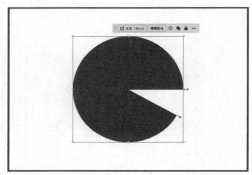

图 9-39

9.2.3　多边形、星形的绘制

用户可以使用多边形工具和星形工具绘制自定义边数的多边形、自定义点数的星形。

1. 绘制多边形

多边形工具用于绘制不同边数的多边形。选择"多边形工具" ⬡，在画板上拖曳光标可绘制自定义的多边形。若要绘制精确的多边形，可在画板上单击，弹出"多边形"对话框，在该对话框中设置参数，如图9-40、图9-41所示。

图 9-40

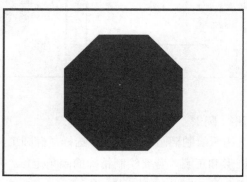

图 9-41

按住鼠标左键，拖曳多边形任意一角的控制点 ，向下拖曳可以产生圆角效果，当控制点和中心点重合时，便形成圆形，如图9-42、图9-43所示。

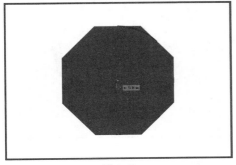

图 9-42

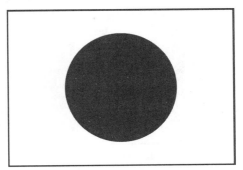

图 9-43

2. 绘制星形

星形工具用于绘制不同形状的星形图形。选择"星形工具"，拖曳鼠标即可绘制自定义的星形。若要绘制精确的星形，可以在画板上单击，在弹出的"星形"对话框中设置半径与角点数，如图9-44所示。效果如图9-45所示。在绘制星形的过程中按住Alt键，可以绘制旋转的正星形；按住Alt+Shift键，可以绘制不旋转的正星形。绘制完成后，拖曳控制点可以调整星形角的度数。

图 9-44

图 9-45

动手练 **绘制闹钟图形** ——————————

📖 **素材位置**：本书实例\第3章\绘制闹钟图形\闹钟.ai

本练习将介绍闹钟图形的绘制，主要运用的知识包括椭圆工具、矩形工具、圆角矩形工具、旋转工具及镜像工具的使用等。具体操作过程如下。

步骤01 使用"椭圆工具"，绘制宽高各为100mm、描边为36pt的正圆，描边颜色为#E83828，如图9-46所示。

步骤02 绘制宽高各为30mm的正圆，填充颜色为#F8B62D。按住 ⊙ 按钮，拖曳调整饼图角度为180，如图9-47所示。

步骤03 使用"圆角矩形工具"，绘制高为30mm、宽为4.5mm、圆角半径为1mm的圆角矩形，调整图层顺序，创建组之后旋转35度，如图9-48所示。

步骤04 按住Alt键移动复制，单击 ▣ 按钮水平翻转，调整至合适位置，如图9-49所示。

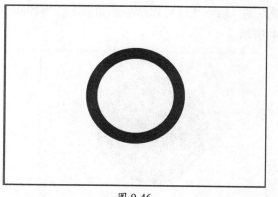

图 9-46 图 9-47

图 9-48 图 9-49

步骤05 分别创建参考线，设置水平、垂直居中对齐，锁定参考线。选择"椭圆工具"，绘制高和宽各为7mm的正圆，如图9-50所示。

步骤06 选择"旋转工具"，按住Alt键，调整正圆的中心点至大圆圆心，如图9-51所示。在"旋转"对话框中设置角度为90°。

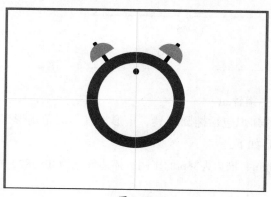

图 9-50 图 9-51

步骤07 单击"复制"按钮，按Ctrl+D组合键再次变换，如图9-52所示。

步骤08 使用"圆角矩形工具"，绘制高为7mm、宽为1.5mm、圆角半径为0.5mm的圆角矩形。选择"旋转工具"，按住Alt键，调整矩形中心点至大圆圆心，设置旋转角度为30°，单击"确定"按钮，如图9-53所示。

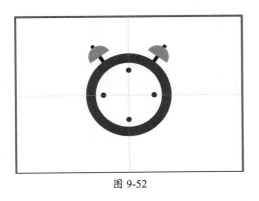

图 9-52

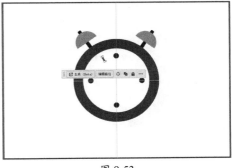

图 9-53

步骤09 按住Alt键，调整矩形中心点至大圆圆心，设置旋转角度为30°，单击"复制"按钮，如图9-54所示。用相同的方法对矩形进行旋转、复制，如图9-55所示。

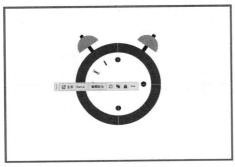

图 9-54

图 9-55

步骤10 按住Alt键，移动复制正圆，更改大小为8mm，如图9-56所示。

步骤11 使用"矩形工具"，绘制不同高度的矩形，分别选择前两个矩形底部的锚点，按S键向外拖曳；选择第三个矩形的顶部锚点，按S键向内拖曳，如图9-57所示。

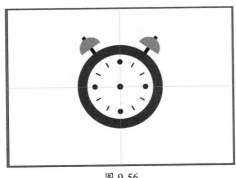

图 9-56

图 9-57

步骤12 调整矩形的旋转角度和位置，如图9-58所示。

步骤13 使用"椭圆工具"，按住Shift+Alt组合键绘制正圆，如图9-59所示。

步骤14 选择"圆角矩形工具"，在顶部绘制宽度为16mm、高度为5mm、圆角半径为0.5mm的圆角矩形。按住Alt键移动复制，旋转90°，设置居中对齐，如图9-60所示。

步骤15 选择"矩形工具"，绘制宽度为12mm、高度为35mm的矩形，选择矩形底部锚点，按S键向内拖曳，如图9-61所示。

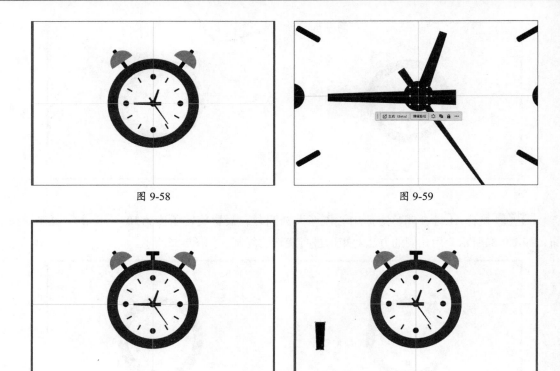

图 9-58   图 9-59

图 9-60   图 9-61

步骤16 分别单击矩形底部的控制点，调整圆角半径，旋转330°，调整位置，如图9-62所示。

步骤17 选择"镜像工具"，按住Alt键，调整中心点后垂直翻转，整体调整后隐藏参考线，如图9-63所示。

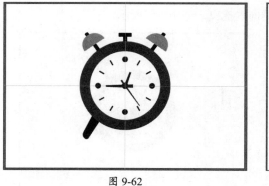

图 9-62

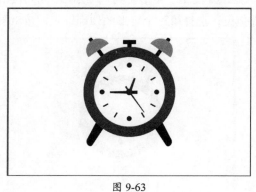

图 9-63

9.3 路径的绘制

　　路径是矢量图形的基本构成单元，由一个或多个直线或曲线线段组成，如图9-64所示。每条线段的起点和终点由锚点标记。路径可以是闭合的，例如圆形或矩形；也可以是开放的，具有不同的端点，例如直线或波浪线。拖曳路径的锚点、控制点或路径段本身，可以改变路径的形状。

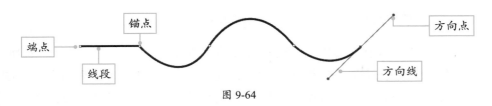

图 9-64

锚点位于路径的转折处或曲线的控制点上，它们决定了路径的形状和走向。锚点包括以下两种类型。

- 尖角锚点：用于创建直线段之间的角度转折，这种锚点没有方向线或只有一条方向线，如图9-65所示。
- 平滑锚点：用于创建平滑的曲线，平滑锚点具有两条方向线，每条方向线像一个虚拟的手柄，控制着曲线的弯曲程度和方向，如图9-66所示。

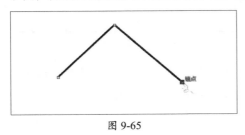

图 9-65

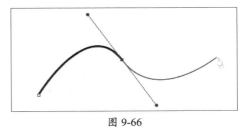

图 9-66

9.3.1 画笔工具的使用

应用画笔描边绘制路径，可以创建富有表现力的自由形式绘图，其形状和外观易于调整。在画笔工具的控制栏中可设置画笔类型，执行"窗口"|"画笔"命令，或按F5键显示"画笔"面板，如图9-67所示。单击面板底部的"画笔库菜单"按钮，在弹出的菜单中选择相应画笔，如图9-68所示。

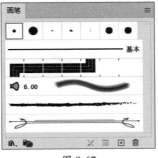

图 9-67　　　　　图 9-68

选择"画笔工具"，拖曳可绘制曲线路径，按住Shift键可以绘制水平、垂直或以45°角倍增的直线路径，如图9-69所示。在"画笔"面板中选择"炭笔 羽毛"拖曳绘制，效果如图9-70所示。

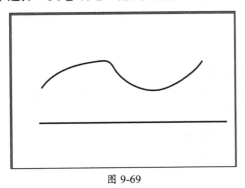

图 9-69

图 9-70

9.3.2 铅笔工具的使用

使用铅笔工具可以绘制任意形状和线条路径，也可以对绘制好的图像进行调整。选择"铅笔工具" ✐，在画板上按住鼠标左键拖曳，即可绘制路径。按住Shift键绘制限制为0°、45°或90°的直线段，如图9-71所示。按住Alt键，可以绘制不受控制的直线段，如图9-72所示。

图 9-71　　　　　　　　　　　　　　　　图 9-72

将铅笔工具的笔尖置于路径上开始编辑的位置，铅笔笔尖的小图标消失进入编辑模式，拖曳即可更改路径。当选择两条路径时，使用铅笔工具可以连接两条路径。

9.3.3 钢笔工具的使用

使用钢笔工具可借助锚点和手柄精确绘制路径。选择"钢笔工具" ✐，按住Shift键可绘制水平、垂直或以45°角倍增的直线路径，如图9-73所示。若绘制曲线线段，则可在绘制时按住鼠标拖曳，创建带有方向线的曲线路径，方向线的长度和斜度决定了曲线的形状，如图9-74所示。

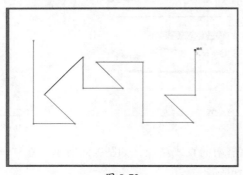

图 9-73　　　　　　　　　　　　　　　　图 9-74

动手练 绘制动物卡通形象

　　📄 **素材位置：本书实例\第9章\绘制动物卡通形象\兔子.ai**

本练习将介绍卡通兔子的绘制方法，主要运用的知识包括铅笔工具、平滑工具、画笔工具及钢笔工具的使用。具体操作过程如下。

步骤01 选择"铅笔工具"，绘制兔子大致轮廓，如图9-75所示。

步骤02 分别选择路径，使用"铅笔工具"进行调整，如图9-76所示。

步骤03 分别选择路径，使用"平滑工具"平滑路径，如图9-77所示。

步骤04 使用"铅笔工具"绘制路径，如图9-78所示。

图 9-75

图 9-76

图 9-77

图 9-78

步骤05 选择"画笔工具"，设置画笔为"Touch Calligraphic Brush"，拖曳绘制眼睛，如图9-79所示。用"钢笔工具"绘制路径并填充颜色（#F29A88），调整部分路径，如图9-80所示。

图 9-79

图 9-80

9.4 路径的编辑

创建路径后，可以使用特定的工具和命令对路径进行编辑。

9.4.1 路径的优化调整

使用平滑工具、路径橡皮擦工具及连接工具可以对创建的路径进行优化调整。

1.平滑工具

平滑工具用于使边缘和曲线路径变得更平滑。选择任意工具绘制路径，如图9-81所示。选择"平滑工具" ，按住鼠标左键在需要平滑的区域拖曳，即可使其变平滑，如图9-82所示。

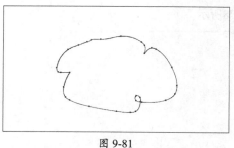

图 9-81

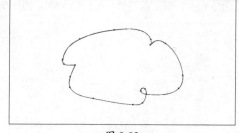

图 9-82

2. 路径橡皮擦工具

路径橡皮擦工具用于擦除路径，使路径断开。选中路径，如图9-83所示，选择"路径橡皮擦工具" ▨，按住鼠标左键在需要擦除的区域拖曳，即可擦除该部分，如图9-84所示。

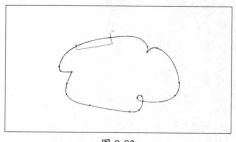

图 9-83

图 9-84

3. 连接工具

连接工具用于连接相交的路径，多余的部分会被修剪掉，也可以闭合两条开放路径之间的间隙。使用"连接工具" ▨，在开放路径的间隙处拖曳涂抹，如图9-85所示。释放鼠标，即可连接路径，如图9-86所示。

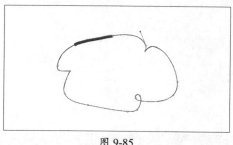

图 9-85

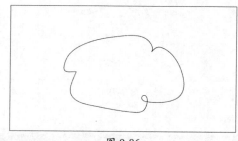

图 9-86

9.4.2　路径的编辑工具

执行"对象"|"路径"命令，在其子菜单中可以看到多个与路径有关的命令。通过这些命令，可以更好地帮助用户编辑路径对象。下面针对部分常用的命令进行介绍。

1. 连接

连接命令用于连接两个锚点，从而闭合路径或将多个路径连接到一起。选中要连接的锚点，如图9-87所示。执行"对象"|"路径"|"连接"命令，或按Ctrl+J组合键，即可连接路径，如图9-88所示。

图 9-87

图 9-88

2. 平均

平均命令用于使选中的锚点排列在同一水平线或垂直线上。选中要更改的路径，执行"对象"|"路径"|"平均"命令或按Alt+Ctrl+J组合键，在弹出的"平均"对话框中选择平均参数，如图9-89所示。单击"确定"，效果如图9-90所示。

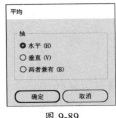
图 9-89

图 9-90

3. 轮廓化描边

轮廓化描边命令是一项非常实用的命令，使用该命令可以将路径描边转换为独立的填充对象，以便单独进行设置。选中带有描边的对象，如图9-91所示，执行"对象"|"路径"|"轮廓化描边"命令，即可将路径转换为轮廓，取消分组后效果如图9-92所示。

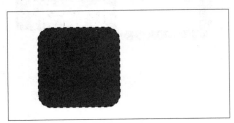
图 9-91

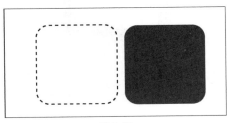
图 9-92

4. 偏移路径

偏移路径命令用于使路径向内或向外偏移指定距离，且原路径不会消失。选中要偏移的路径，执行"对象"|"路径"|"偏移路径"命令，在弹出的对话框中设置偏移的距离和连接方式，如图9-93所示。单击"确定"按钮，即可按照设置偏移路径，如图9-94所示。

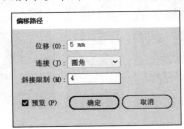
图 9-93

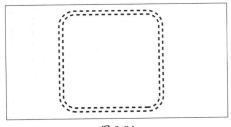
图 9-94

5. 简化

使用简化命令可以通过减少路径上的锚点减少路径细节。选中要简化的路径，如图9-95所示。执行"对象"|"路径"|"简化"命令，在画板上显示简化路径控件，向左拖曳为最少锚点数 ⌒，向右拖曳为最大锚点数 ⌒，如图9-96所示。

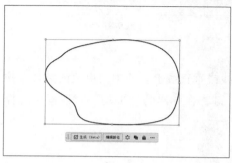

图 9-95

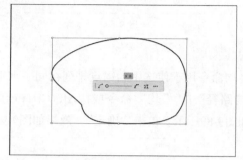

图 9-96

6. 分割下方对象

分割下方对象命令就像切刀或剪刀一样，使用选定的对象切穿其他对象，并丢弃原来所选的对象。选中对象路径，如图9-97所示。执行"对象"|"路径"|"分割下方对象"命令，移动重叠部分，即可得到分割后的新图形，如图9-98所示。

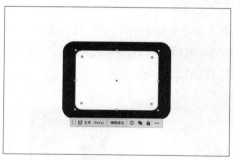

图 9-97

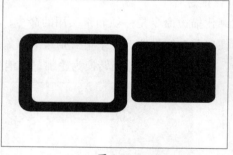

图 9-98

7. 分割为网格

分割为网格命令，用于将对象转换为矩形网格。选中对象路径，执行"对象"|"路径"|"分割为网格"命令，在该对话框中设置参数，如图9-99所示。单击"确定"按钮后，可对网格进行移动调整，如图9-100所示。

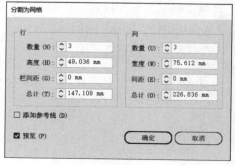

图 9-99

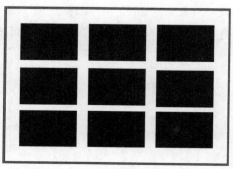

图 9-100

动手练 制作线条文字

素材位置：**本书实例\第9章\制作线条文字\线条文字.ai**

本练习将介绍线条文字的制作方法，主要运用的知识包括曲率工具的使用及偏移路径的设置。具体操作过程如下。

步骤01 选择"曲率工具"绘制路径，如图9-101所示。

步骤02 在控制栏中更改描边参数，效果如图9-102所示。

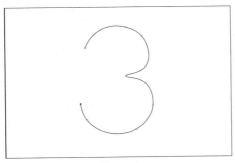

图 9-101

图 9-102

步骤03 选择路径，执行"对象"|"路径"|"偏移路径"命令，在弹出的"偏移路径"对话框中设置参数，如图9-103所示。效果如图9-104所示。

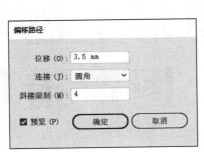

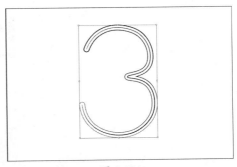

图 9-103

图 9-104

步骤04 继续执行"偏移路径"命令两次，如图9-105所示。

步骤05 选择全部路径，在控制栏中更改描边颜色为紫罗兰色渐变，效果如图9-106所示。

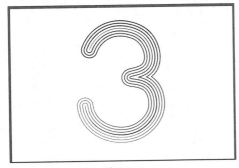

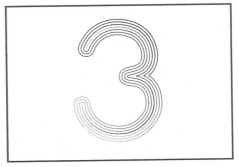

图 9-105

图 9-106

至此该线条字效果制作完成。

Ps+Ai

Photoshop+Illustrator

第10章 图形上色与图像描摹

本章将对图形上色与图像描摹进行讲解，包括填色与描边、渐变填充、实时上色及实时描摹。了解并掌握这些基础知识，可以更好地控制和操作图形对象，实现更丰富和更精细的视觉效果。

 要点难点

- 图形的填色与描边
- 图形的渐变填充
- 实时上色组的创建与释放
- 图像的描摹

10.1 填色与描边

在Illustrator中，填充与描边是非常基础而重要的设计元素，它们分别用于改变矢量图形内部区域的颜色及边缘轮廓的样式和颜色。

10.1.1 基本填色与描边

使用"填色和描边"工具在对象中填充颜色、图案或渐变。在工具栏底部显示"填色和描边"工具组，如图10-1所示。

- 填色□：单击该按钮，在弹出的拾色器中选取填充颜色。
- 描边■：单击该按钮，在弹出的拾色器中选取描边颜色。
- 切换填色和描边↰：单击该按钮，在填充和描边之间互换颜色。
- 默认填色和描边◨：单击该按钮，可以恢复默认颜色设置（白色填充和黑色描边）。
- 颜色■：单击该按钮，可将上次选择的纯色应用于具有渐变填充，或者没有描边或填充的对象。
- 渐变■：单击该按钮，可将当前选定的填色更改为上次选择的渐变，默认为黑白渐变。
- 无☑：单击此按钮，可以删除选定对象的填充或描边。

图 10-1

10.1.2 吸管工具

Illustrator中的吸管工具不仅可以拾取颜色，还可以拾取对象的属性，并将其赋予其他矢量对象。选择要添加属性的对象，如图10-2所示。选择"吸管工具"✐，单击目标对象，即可为其添加相同的属性，如图10-3所示。

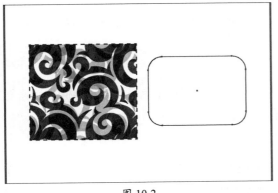

图 10-2

图 10-3

✅**知识点拨** 若在吸取时按住Shift键，只复制颜色而不复制其他样式属性。若描边按钮在上，按住Shift键只复制描边颜色。按住Alt键，则同时应用当前颜色与属性。

10.1.3 图案填充

图案色板是一种预设资源，允许用户创建和存储自定义图案，并将其作为填充选项应用于任何形状或对象。图案色板可以包含重复的几何形状、纹理、线条及其他任意图形元素，这

些元素可以按照指定的方式进行排列和重复，形成统一、可无限扩展的图案。通过"色板"面板或执行"窗口"|"色板库"|"图案"命令，显示基本图形、自然和装饰三大类预设图案，如图10-4所示。

图 10-4

10.1.4　图形描边

描边面板用于精准地调整图形、文字等对象描边的粗细、颜色、样式等属性。选中对象后在控制栏中单击"描边" 描边: 按钮，再在弹出的"描边"面板中设置描边参数。或者执行"窗口"|"描边"命令，打开"描边"面板，如图10-5所示。该面板中部分常用参数介绍如下。

图 10-5

- 粗细：用于设置选中对象描边的粗细。
- 端点：用于设置端点样式，包括平头端点、圆头端点和方头端点3种。
- 边角：用于设置拐角样式，包括斜接连接、圆角连接和斜角连接3种。
- 限制：用于控制程序在何种情形下由斜接连接切换为斜角连接。
- 对齐描边：用于设置描边路径对齐样式。当对象为封闭路径时，可激活全部选项。
- 虚线：选择该复选框将激活虚线选项。用户可以输入数值设置虚线与间距的大小。
- 箭头：用于添加箭头。
- 缩放：用于调整箭头大小。
- 对齐：用于设置箭头与路径对齐方式。
- 配置文件：用于选择预设的宽温配置文件，以改变线段宽度，制作造型各异的路径效果。

10.1.5　颜色的选择和管理

色板和颜色面板都是用于选择和管理颜色的重要工具，区别在于色板侧重于存储和快速复用颜色，而颜色面板更偏向于即时调整和选择颜色。

1. 色板面板

色板面板用于为对象填色和描边添加颜色、渐变或图案。执行"窗口"|"色板"命令，打开"色板"面板，如图10-6所示。单击■按钮显示列表视图，如图10-7所示。

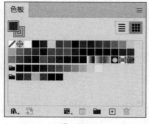

图 10-6

图 10-7

160

2. 颜色面板

颜色面板用于为对象填充单色或设置单色描边。执行"窗口"|"颜色"命令，打开"颜色"面板，如图10-8所示。单击≡按钮，可在弹出的菜单中更改颜色模式，如图10-9所示。

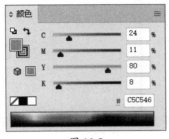

图 10-8 图 10-9

选择图形对象，在色谱中拾取颜色填充。复制图形对象后，单击"互换填充和描边颜色"按钮，可调换填充和描边颜色，如图10-10、图10-11所示。

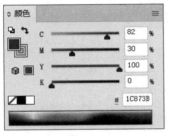

图 10-10 图 10-11

动手练 制作并应用纹理图案

📖 **素材位置：本书实例\第10章\制作并应用纹理图案\纹理.ai**

本练习将制作并应用纹理图案，主要运用的知识包括矩形工具、路径命令、图案建立及图案应用。具体操作过程如下。

步骤01 选择"矩形工具"，按住Shift键绘制正方形，如图10-12所示。

步骤02 执行"对象"|"路径"|"分割为网格"命令，在弹出的"分割为网格"对话框中设置行数与列数，如图10-13所示。

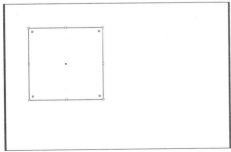
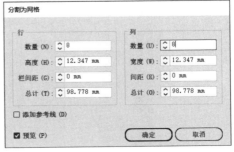

图 10-12 图 10-13

步骤03 分割网格效果如图10-14所示。

步骤04 执行"对象"|"路径"|"分割为网格"命令，在弹出的"分割为网格"对话框中设置行数与列数，如图10-15所示。

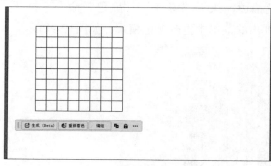

图 10-14

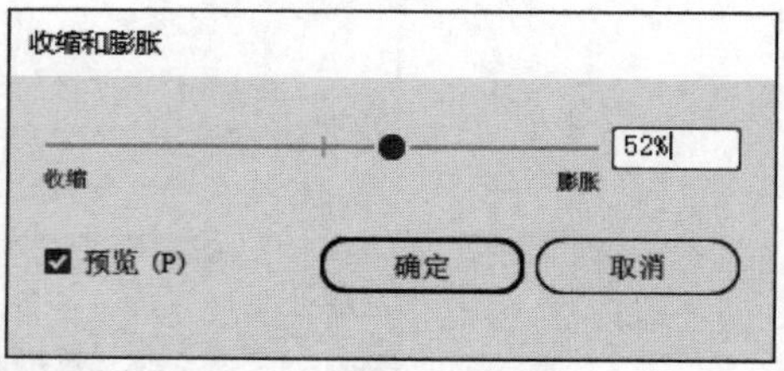

图 10-15

步骤05 膨胀效果如图10-16所示。

步骤06 执行"对象"|"图案"|"建立"命令，在弹出的"图案选项"对话框中设置名称，如图10-17所示。

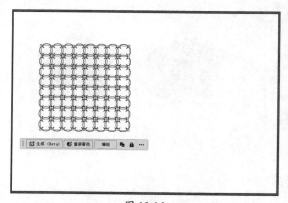

图 10-16

图 10-17

步骤07 单击"完成"按钮，如图10-18所示。

步骤08 选择"椭圆工具"，按住Shift键绘制正圆，更改填充为"膨胀网格52"，最终效果如图10-19所示。

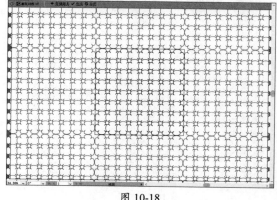

图 10-18

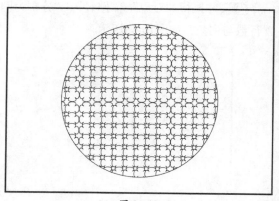

图 10-19

10.2 渐变填充

渐变填充可以为图形或文字添加从一种颜色到另一种颜色的平滑过渡效果。在Illustrator中，创建渐变效果有两种方法：一种是使用"渐变"面板，另一种是使用"渐变"工具。

10.2.1　渐变面板

渐变面板用于精确地控制渐变颜色的属性。选择图形对象后，执行"窗口"|"渐变"命令，打开"渐变"面板，在该面板中选择任意一个渐变类型激活渐变，如图10-20所示。

此面板中各按钮的含义介绍如下。

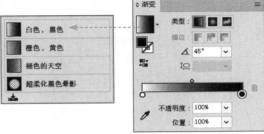

图 10-20

- 预设渐变▼：单击此按钮，显示预设渐变下拉列表框。单击列表框底部的"添加到色板"按钮▣，可将当前的渐变设置存储到色板。
- 类型▣▣▣：用于选择渐变的类型，包括"线性渐变"▣、"径向渐变"▣和"任意形状渐变"▣3种，图10-21所示分别为3种渐变示意图。

图 10-21

- 描边：用于设置描边渐变的样式。该区域按钮仅在为描边添加渐变时激活。
- 角度：设置渐变的角度。
- 长宽比：当渐变类型为"径向"时激活更改功能，可更改渐变角度。
- 反向渐变▣：单击此按钮，可使当前渐变的方向水平旋转。
- 渐变滑块▣：双击该按钮，可在弹出的面板中设置该渐变滑块的颜色，如图10-22所示。在Illustrator软件中，默认有2个渐变滑块。若要添加新的渐变滑块，移动鼠标至渐变滑块之间单击即可，如图10-23所示。

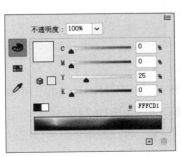

图 10-22

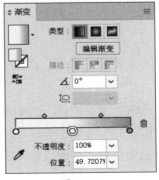

图 10-23

10.2.2　渐变工具

渐变工具使用线性渐变、径向渐变或任意形状渐变在颜色之间创建渐变混合。选中填充渐变的对象，选择"渐变工具" ，即可在该对象上方看到渐变批注者，渐变批注者是一个滑块，该滑块会显示起点、终点、中点，以及起点和终点对应的两个色标，如图10-24所示。可以使用渐变批注者修改线性渐变的角度、位置和范围，并修改径向渐变的焦点、原点和扩展，如图10-25所示。

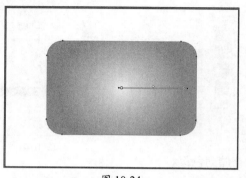

图 10-24

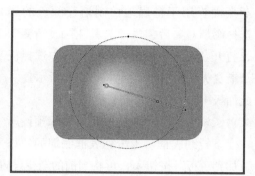

图 10-25

动手练 **制作循环渐变效果**

📄 **素材位置：本书实例\第10章\制作循环渐变效果\循环.ai**

本练习将介绍循环渐变效果的制作方法，主要运用的知识包括矩形工具、椭圆工具、填色与描边的设置应用等。具体操作过程如下。

步骤01 选择"矩形工具"，绘制矩形并填充颜色（#E3FAFC），按Ctrl+2组合键锁定图层，如图10-26所示。

步骤02 选择"矩形工具"，在右上角绘制矩形并填充颜色（#339EA3），如图10-27所示。

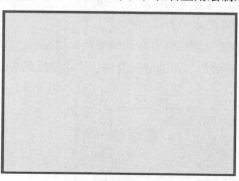

图 10-26

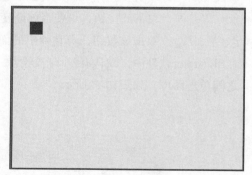

图 10-27

步骤03 按住Alt键移动复制矩形，更改填充颜色（#97D6DD），如图10-28所示。

步骤04 选择"椭圆工具"，按住Shift键绘制正圆，如图10-29所示。

步骤05 在工具栏中单击"互换填色和描边" ↘，再在控制栏中设置描边参数为100pt，如图10-30所示。

步骤06 按住Shift键调整圆环大小，直至中间空白部分不见，如图10-31所示。

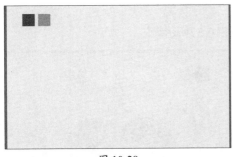

图 10-28

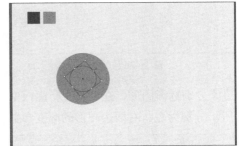

图 10-29

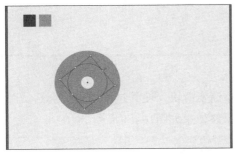

图 10-30

图 10-31

步骤07 执行"窗口"|"渐变"命令，在弹出的"渐变"面板中单击"描边"，设置渐变类型和描边类型，如图10-32所示。旋转30°，如图10-33所示。

图 10-32

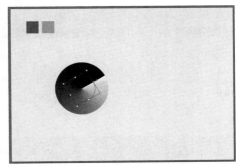

图 10-33

步骤08 在"渐变"面板中分别选择渐变滑块，单击"拾色器"拾取颜色，如图10-34所示。效果如图10-35所示。

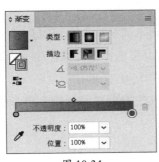

图 10-34

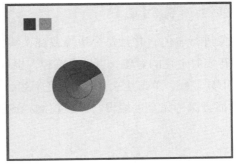

图 10-35

步骤09 按住Alt键移动复制，如图10-36所示。

步骤10 调整渐变角度，使其为切线状态，如图10-37所示。

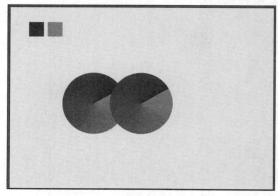

图 10-36　　　　　　　　　　　　　　　　　图 10-37

步骤11 分别选择图形，在"渐变"面板中调整渐变滑块，使其过渡得更加自然。图10-38、图10-39所示分别为左、右两边图形的渐变参数。最终效果如图10-40所示。

　　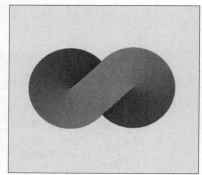

图 10-38　　　　　　　　图 10-39　　　　　　　　图 10-40

10.3　实时上色

实时上色是一种智能填充方式。可以使用不同颜色为每个路径段描边，并使用不同的颜色、图案或渐变填充每条路径。

10.3.1　创建"实时上色"组

若要对对象进行着色，并且每个边缘或交叉线使用不同的颜色，可以创建"实时上色"组。选中要进行实时上色的对象，可以是路径，也可以是复合路径，按Ctrl+Alt+X组合键或使用"实时上色工具" ，单击建立"实时上色"组，如图10-41所示。一旦建立了"实时上色"组，每条路径都会保持完全可编辑，可在控制栏或工具栏中设置前景色，单击进行填充，如图10-42所示。

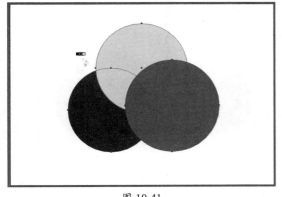
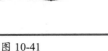

图 10-41

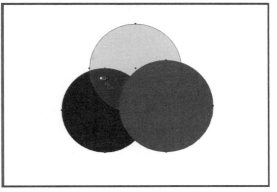

图 10-42

10.3.2　实时上色选择工具

"实时上色"组中可以上色的部分称为边缘和表面。边缘是一条路径与其他路径交叉后，处于交点之间的路径部分。表面是一条边缘或多条边缘围成的区域。若要对"实时上色"组中的表面和边缘进行更改，可以先选择"实时上色选择工具" ，然后执行以下操作。

- 选择单个表面和边缘，单击该表面和边缘。
- 选择多个表面和边缘，在选择项周围拖曳选框，部分选择的内容将被包括；或者按住Shift键加选。
- 选择没有被上色边缘分隔的所有连续表面，双击某个表面。
- 选择具有相同填充或描边的表面或边缘，三击某个项，或单击一次，执行"选择"|"相同"命令下的子命令（填充颜色/描边颜色/描边粗细等）。

图10-43所示为选择多个表面和边缘的状态。在控制栏中可以更改填充参数，如图10-44所示。

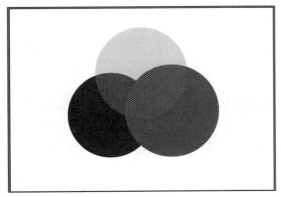

图 10-43

图 10-44

10.3.3　释放或扩展"实时上色"组

选中实时上色组，执行"对象"|"实时上色"|"释放"命令，可将实时上色组变为具有0.5pt宽描边的黑色普通路径，如图10-45所示。执行"对象"|"实时上色"|"扩展"命令，可将实时上色组拆分为单独的色块和描边路径，视觉效果与实时上色组一致。使用"编组选择工具"可分别选择或更改对象，如图10-46所示。

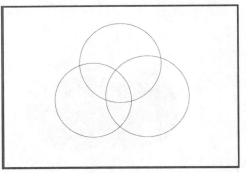

图 10-45

图 10-46

 动手练 为图像填充颜色

📖 **素材位置：本书实例\第10章\为图像填充颜色\绿植.ai**

本练习将介绍颜色的填充操作，主要运用的知识包括实时上色工具、拾色器、填色和描边等。具体操作过程如下。

步骤01 打开素材图像，如图10-47所示。

步骤02 选中所有路径，选择工具栏中的"实时上色工具" 🔤，在图形上单击，创建实时上色组，如图10-48所示。

图 10-47

图 10-48

步骤03 在工具栏中双击填色，在拾色器中设置颜色为#59AB35，使用"实时上色工具"为左侧叶子填充，如图10-49所示。

步骤04 设置填色为#93C169，使用"实时上色工具"为中间叶子填充，如图10-50所示。

图 10-49

图 10-50

步骤05 设置填色为#93C169，使用"实时上色工具"为右侧叶子填充，如图10-51所示。

步骤06 设置填色为#CB802A，使用"实时上色工具"为中间土壤部分填充，如图10-52所示。

图 10-51

图 10-52

步骤07 设置填色为#8BC8E8，使用"实时上色工具"为右侧叶子填充，如图10-53所示。

步骤08 双击两次进入隔离模式，分别选择图10-54所示区域的路径。

图 10-53

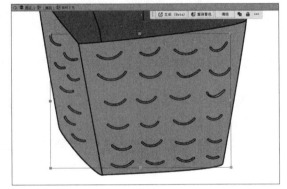

图 10-54

步骤09 在工具栏中"切换填色和描边"按钮，如图10-55所示。

步骤10 按Esc键退出隔离模式，最终效果如图10-56所示。

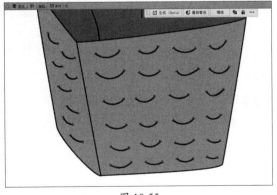

图 10-55

图 10-56

10.4 实时描摹

图像描摹可以将位图图像（如JPEG、PNG、BMP等格式）自动转换为矢量图形。利用此功能，可以通过描摹现有图稿轻松地在该图稿基础上绘制新图稿。

10.4.1 描摹对象

置入位图图像，在控制栏中单击"描摹预设"按钮，再在弹出的菜单中选择多种描摹预设，例如高保真度照片、6色、素描图稿等。图10-57、图10-58所示分别为应用6色前后的效果。

图 10-57

图 10-58

单击控制栏中的"描摹选项面板" ▥ 按钮，弹出"图像描摹"面板，如图10-59所示。

该面板顶部的一排图标是根据常用工作流命名的快捷图标。选择其中的一个预设，可设置实现相关描摹结果所需的全部变量。该面板中各按钮的含义如下。

- 自动着色 ▦：由照片或图稿创建色调分离的图像。
- 高色 ▣：创建具有高保真度的真实感图稿。
- 低色 ▣：创建简化的真实感图稿。
- 灰度 ▣：将图稿描摹到灰色背景中。
- 黑白 ▣：将图像简化为黑白图稿。
- 轮廓 ▢：将图像简化为黑色轮廓。
- 预设：可从下拉列表中选择更多的预设描摹方式。
- 视图：指定描摹对象的视图。可以选择查看描摹结果、源图像、轮廓及其他选项。
- 模式：指定描摹结果的颜色模式，彩色、灰度及黑白。

图 10-59

10.4.2 扩展与释放描摹对象

当描摹结果达到预期时，可以将描摹对象转换为路径。在控制栏中单击"扩展"按钮，即可将描摹对象转换为路径，如图10-60所示。取消分组后，删除多余路径，最终效果如图10-61所示。

图 10-60

图 10-61

除此之外，还可以执行以下操作。

- 执行"对象"|"路径"|"简化"命令，移除多余的锚点，简化路径。
- 执行"对象"|"实时上色"|"建立"命令，将其转换为实时上色组，更改路径颜色。
- 执行"对象"|"图像描摹"|"释放"命令，放弃描摹但保留原始置入的图像。

动手练 提取黑白线稿

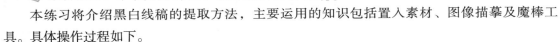

素材位置：**本书实例\第10章\提取黑白线稿\猫.jpg**

本练习将介绍黑白线稿的提取方法，主要运用的知识包括置入素材、图像描摹及魔棒工具。具体操作过程如下。

步骤01 置入素材，如图10-62所示。

步骤02 在上下文任务栏中单击"图像描摹"按钮，如图10-63所示。

图 10-62

图 10-63

步骤03 在控制栏中设置视图为"轮廓"，如图10-64所示。

步骤04 在控制栏中单击"扩展"按钮，如图10-65所示。

步骤05 选择"矩形工具"绘制矩形，置于底层后按Ctrl+2组合键锁定，如图10-66所示。

步骤06 选择"魔棒工具"，单击白色，如图10-67所示。

步骤07 按Delete键删除，如图10-68所示。隐藏矩形图层，如图10-69所示。

图 10-64

图 10-65

图 10-66

图 10-67

图 10-68

图 10-69

至此黑白线稿的提取操作完成。

Ps+Ai

Photoshop+Illustrator

第11章
文字和图表
的处理

本章将对文字和图表进行讲解，包文本的创建编辑、文本的设置、图表的创建及图表的编辑。了解并掌握这些基础知识，不仅可以高效地撰写和编辑包含复杂信息的文档，还能运用图表有效地传达数据和统计信息，提升专业文档的质量和影响力。

 要点难点

- 掌握文本的编辑方法
- 掌握文本格式的设置
- 掌握图表的创建方法
- 掌握图表的编辑方法

11.1 文本的创建与编辑

文本创建后，可以根据具体需求进行各种复杂的操作和调整。

11.1.1 创建文本对象

无论是简单的点文字、段落文字，还是复杂的路径文字，都可以通过文字工具组中的工具进行创建。

1. 创建点文字

使用"文字工具"**T**或"直排文字工具"**IT**可以创建点文字。点文字是指从单击位置开始随着字符输入而扩展的一行横排文本或一列直排文本，输入的文字独立成行或成列，不会自动换行，如图11-1所示。可以在需要换行的位置按回车键进行换行，如图11-2所示。

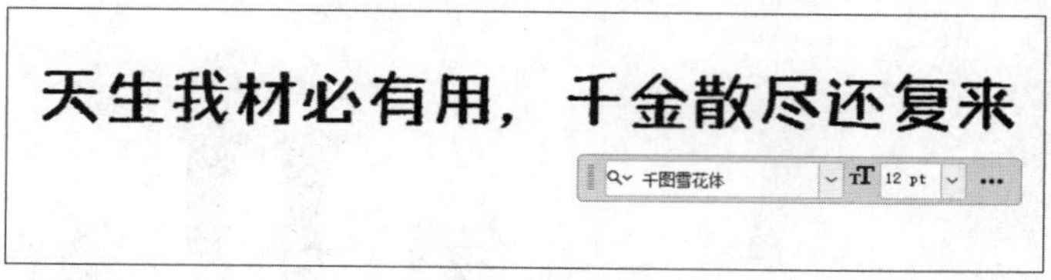

天生我材必有用，千金散尽还复来

天生我材必有用，
千金散尽还复来

图 11-1

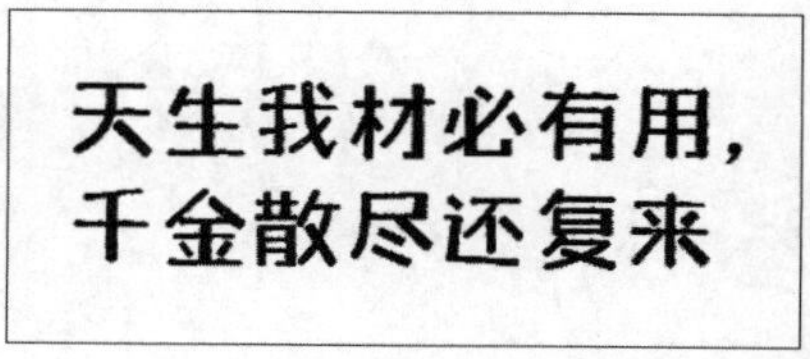

图 11-2

2. 创建段落文字

若需要输入大量文字，可以通过段落文字进行更好的整理与归纳。段落文字与点文字的最大区别在于段落文字被限定在文本框中，到达文本框边界时将自动换行。选择"文字工具"**T**，在画板上按住鼠标左键拖曳创建文本框，如图11-3所示。在文本框中输入文字时，文字到达文本框边界时会自动换行，拖曳可调整文本框大小，如图11-4所示。

君不见，黄河之水天上来，奔流到海不复回。
君不见，高堂明镜悲白发，朝如青丝暮成雪。
人生得意须尽欢，莫使金樽空对月。
天生我材必有用，千金散尽还复来。
烹羊宰牛且为乐，会须一饮三百杯。
李夫子，丹丘生，将进酒，杯莫停。
与君歌一曲，请君为我倾耳听。
钟鼓馔玉不足贵，但愿长醉不复醒。
古来圣贤皆寂寞，惟有饮者留其名。
陈王昔时宴平乐，斗酒十千恣欢谑。
主人何为言少钱，径须沽取对君酌。
五花马，千金裘，呼儿将出换美酒，与尔同销万古愁。

图 11-3

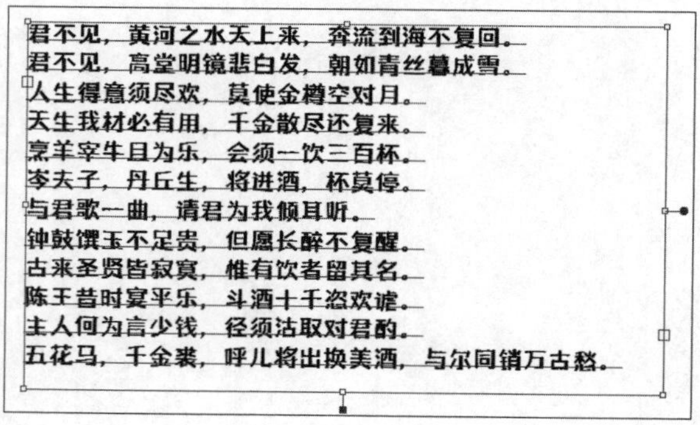

图 11-4

3. 创建区域文字

使用区域文字工具用于在矢量图形中输入文字，输入的文字将根据区域的边界自动换行。选择"区域文字工具"**☑**，移动光标至矢量图形内部路径边缘上，此时光标变为☑状，即可输入文字。创建区域文字后，可以进行文本分栏。执行"文字"|"区域文字选项"命令，将打开相应的对话框，从中可以设置行数或列数。

4. 创建路径文字

路径文字工具用于创建沿开放或封闭路径排列的文字。水平输入文本时，字符的排列与基线平行；垂直输入文本时，字符的排列与基线垂直。使用路径工具绘制路径，选择"路径文字工具" 或"直排路径文字工具" ，移动光标至路径边缘，此时光标变为 状，如图11-5所示。单击将路径转换为文本路径，输入文字即可，如图11-6所示。

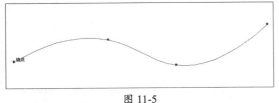

图 11-5

图 11-6

选中路径文字，使用"选择工具"或者"直接选择工具"，移动光标至起点位置，待光标变为 状时，按住鼠标左键拖曳，可调整路径文字起点位置，如图11-7所示。移动光标至终点位置，待光标变为 状时，按住鼠标左键拖曳，可调整路径文字终点，如图11-8所示。

图 11-7

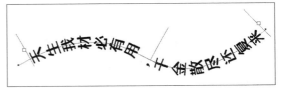

图 11-8

执行"文字"|"路径文字"|"路径文字选项"命令，可在弹出的对话框中设置路径效果、翻转、对齐路径及间距，如图11-9所示。效果如图11-10所示。

图 11-9

图 11-10

5. 创建修饰文字

使用修饰文字工具可以在保持文字属性的状态下对单个字符进行移动、旋转和缩放等操作。选择"文字工具"输入文字，选择"修饰文字工具" ，在字符上单击即可显示定界框，按住鼠标可上下或左右移动光标。

除了上下左右移动，还可以进行缩放、旋转、自动移动等操作。

- 将光标移至左上角的控制点，按住鼠标上下拖曳光标，可将字符沿垂直方向缩放。
- 将光标移至右下角的控制点，左右拖曳可沿水平方向缩放。
- 将光标移至顶端的控制点，可以旋转字符。
- 将光标移至右上角的控制点，可以等比例缩放字符。
- 拖曳定界框或左下角控制点，可以自由移动字符。

11.1.2 编辑文本对象

通过掌握创建轮廓、串接文本及文本绕排等进阶编辑技巧，设计师可以在Illustrator中更灵活地处理文本元素，实现更具创意和个性化的设计效果。

1. 创建轮廓

创建轮廓是指将文本转换为可编辑的矢量图形，使其不再是可编辑的字符，而是路径形状。选中目标文字，执行"文字"|"创建轮廓"命令或按Shift+Ctrl+O组合键即可，如图11-11、图11-12所示。

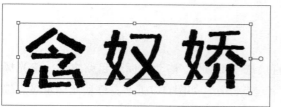

图 11-11

图 11-12

2. 串接文本

串接文本是指将多个文本框进行连接，形成一连串的文本框。在第一个文本框中输入文字，多余的文字会自动显示在第二个文本框中。通过串接文本可以快速方便地进行文字布局、字间距、字号的调整。

创建区域文字或路径文字时，若文字过多，常出现文字溢出的情况，此时文本框或文字末端将出现溢出标记 ⊞，如图11-13所示。选中文本，使用"选择工具" ▶在溢出标记 ⊞上单击，移动光标至空白处，此时光标变为 ▣状，单击即可创建与原文本框串接的新文本框，如图11-14所示。

图 11-13   图 11-14

创建串接文本后，若想解除文本串接关系，将文字集中到一个文本框内，可以选中需要释放的文本框，执行"文字"|"串接文本"|"释放所选文字"命令，选中的文本框将释放文本串接，变为空的文本框。

> ✅ **知识点拨** 若想解除文本之间的串接关系且保持各文本框内文本内容，可以通过"移去串接文字"命令实现。选中串接的文本，执行"文字"|"串接文本"|"移去串接文字"命令即可。

3. 文本绕排

使用文本绕排可以使文本绕着图形对象的轮廓线进行排列，制作出图文并茂的效果。在进行文本绕排时，需要保证图形在文本上方。选中文本和图形对象，如图11-15所示，执行"对象"|"文本绕排"|"建立"命令，在弹出的提示对话框中单击"确定"按钮，即可应用效果，如图11-16所示。

图 11-15　　　　　　　　　　　　　　　　图 11-16

动手练 图文混排

📗 **素材位置：本书实例\第11章\图文混排\猫.png和猫.txt**

本练习将介绍图文混排的方法，主要运用的知识包括文字工具、字符面板、段落面板、图文混排等。具体操作过程如下。

步骤01 打开素材文档"猫.txt"，如图11-17所示。

步骤02 选择"文字工具"，创建文本框，在素材文档中复制并粘贴文字，再在"字符"面板中设置参数，如图11-18所示。

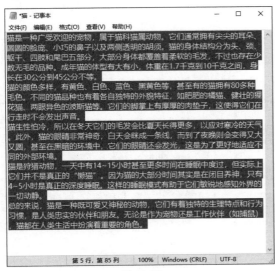

图 11-17

图 11-18

步骤03 在"段落"面板中设置参数，如图11-19所示。

步骤04 应用效果如图11-20所示。

图 11-19

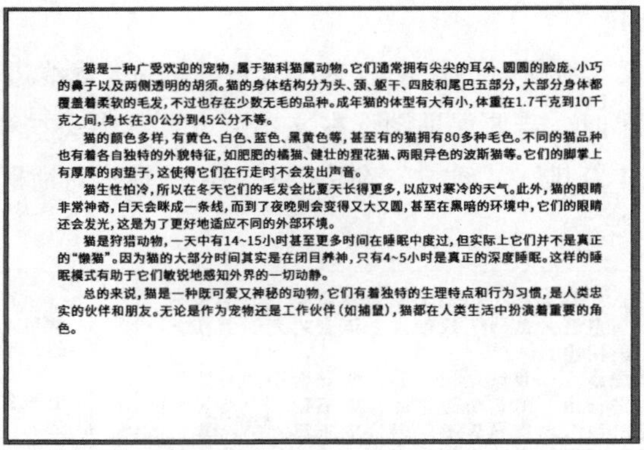

图 11-20

步骤05 执行"文件"|"置入"命令，置入素材，如图11-21所示。

步骤06 在控制栏中单击"描摹图像"旁的"描摹预设"按钮，再在弹出的菜单中选择"高保真度照片"选项，描摹完成后取消分组，删除背景，如图11-22所示。

图 11-21

图 11-22

步骤07 锁定段落文字，选择描摹的图像编组，解锁文字图层，按Ctrl+A组合键全选，执行"对象"|"文本绕排"|"建立"命令，如图11-23所示。

步骤08 调整文本框的大小与图像的位置，最终效果如图11-24所示。

图 11-23

图 11-24

11.2 文本的设置

文本的设置主要通过"字符"和"段落"面板完成。这两个面板提供了丰富的选项，允许用户详细定制文本的外观和布局。

11.2.1 设置字符格式

字符面板主要用于设置文本的字体、大小、颜色、间距等属性，并进行字符的旋转和缩放等操作。执行"窗口"|"文字"|"字符"命令或按Ctrl+T组合键，打开"字符"面板，如图11-25所示。

图 11-25

该面板中部分常用选项的功能如下。

- 设置字体系列：在下拉列表中可以选择文字的字体。
- 设置字体样式：设置所选字体的字体样式。
- 设置字体大小[TT]：在下拉列表中可以选择字体大小，也可以输入自定义数字。
- 设置行距[⬆]：设置字符行之间的间距大小。
- 垂直缩放[IT]：设置文字的垂直缩放百分比。
- 水平缩放[I]：设置文字的水平缩放百分比。
- 设置两个字符间距微调[VA]：微调两个字符间的间距。
- 设置所选字符的字距调整[⬛]：设置所选字符的间距。
- 对齐字形：用于准确对齐实时文本的边界。启用该功能，需启用"视图"|"对齐字形/智能参考线"。

在"段落"面板中，单击右上角的[☰]按钮，在弹出的菜单中选择"显示选项"，此时面板中间部分会显示被隐藏的选项，如图11-26所示。

图 11-26

该部分选项的功能如下。

- 比例间距[⬛]：设置日语字符的比例间距。
- 插入空格（左）[⬛]：在字符左端插入空格。
- 插入空格（右）[⬛]：在字符右端插入空格。
- 设置基线偏移[A⬛]：设置文字与文字基线之间的距离。
- 字符旋转[⊙]：设置字符旋转角度。
- [TT Tr T¹ T₁ I F]：设置字符效果，从左至右依次为全部大写字母[TT]、小型大写字母[Tr]、上标[T¹]、下标[T₁]、下画线[I]和删除线[F]。
- 设置消除锯齿的方法：在下拉列表框中可选择无、锐化、明晰及强。

✔ **知识点拨** 除了在"字符"面板中设置参数，还可以在"文字工具"的控制栏、"属性"面板及上下文任务栏中进行设置。

179

11.2.2 设置段落格式

段落面板主要用于处理文本的布局和对齐方式，设置段落缩进和间距等。执行"窗口"|"文字"|"段落"命令，或按Ctrl+Alt+T组合键，打开"段落"面板，如图11-27所示。

1. 文本对齐

"段落"面板最上方包括7种对齐方式，依次为左对齐▤、居中对齐▤、右对齐▤、两端对齐，末行左对齐▤两端对齐，末行居中对齐▤、两端对齐，末行右对齐▤、全部两端对齐▤。

图 11-27

2. 项目符号与编号

在项目符号列表中，每个段落的开头都有一个项目符号字符。在带编号的列表中，每个段落开头采用的表达方式包括一个数字或字母和一个分隔符，如句号或括号。在"段落"面板中，分别单击"段落符号"▤和"编号列表"▤旁的"查看项目符号"▽选项按钮，在菜单中单击预设符号即可应用，如图11-28、图11-29所示。

图 11-28

图 11-29

若要对预设符号和编号进行更改调整，可以单击预设菜单中的"更多选项"按钮┅，在弹出的"项目符号和编号"对话框中选择项目符号与编号预设，如图11-30、图11-31所示。

图 11-30

图 11-31

3. 段落缩进

段落缩进是指文本和文字对象边界间的间距量，可以为多个段落设置不同的缩进。"段落"面板中，设置了"左缩进"▤、"右缩进"▤和"首行左缩进"▤3种缩进方式。

选中要设置缩进的对象，在"段落"面板中设置首行缩进参数，当输入的数值为正数时，段落首行向内缩排，如图11-32所示。当输入的数值为负数时，段落首行向外凸出，如图11-33所示。

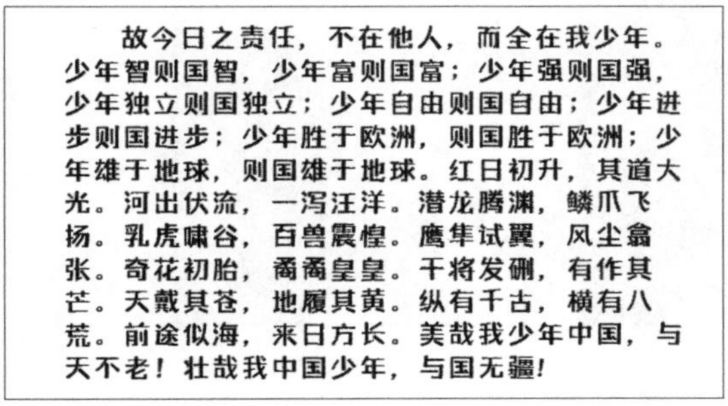

故今日之责任，不在他人，而全在我少年。少年智则国智，少年富则国富；少年强则国强，少年独立则国独立；少年自由则国自由；少年进步则国进步；少年胜于欧洲，则国胜于欧洲；少年雄于地球，则国雄于地球。红日初升，其道大光。河出伏流，一泻汪洋。潜龙腾渊，鳞爪飞扬。乳虎啸谷，百兽震惶。鹰隼试翼，风尘翕张。奇花初胎，矞矞皇皇。干将发硎，有作其芒。天戴其苍，地履其黄。纵有千古，横有八荒。前途似海，来日方长。美哉我少年中国，与天不老！壮哉我中国少年，与国无疆！

图 11-32

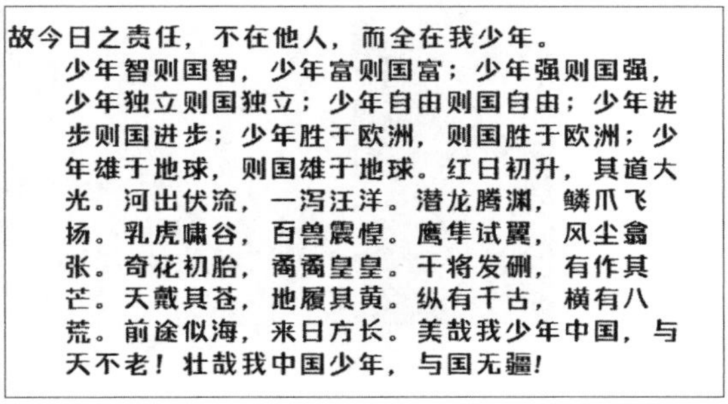

故今日之责任，不在他人，而全在我少年。少年智则国智，少年富则国富；少年强则国强，少年独立则国独立；少年自由则国自由；少年进步则国进步；少年胜于欧洲，则国胜于欧洲；少年雄于地球，则国雄于地球。红日初升，其道大光。河出伏流，一泻汪洋。潜龙腾渊，鳞爪飞扬。乳虎啸谷，百兽震惶。鹰隼试翼，风尘翕张。奇花初胎，矞矞皇皇。干将发硎，有作其芒。天戴其苍，地履其黄。纵有千古，横有八荒。前途似海，来日方长。美哉我少年中国，与天不老！壮哉我中国少年，与国无疆！

图 11-33

4. 段落间距

设置段落间距可以更清楚地区分段落，便于阅读。可在"段落"面板中设置"段前间距"和"段后间距"参数，调整所选段落与前一段或后一段的距离。选中要设置间距的对象，设置段前间距为5pt，应用前后的效果如图11-34、图11-35所示。

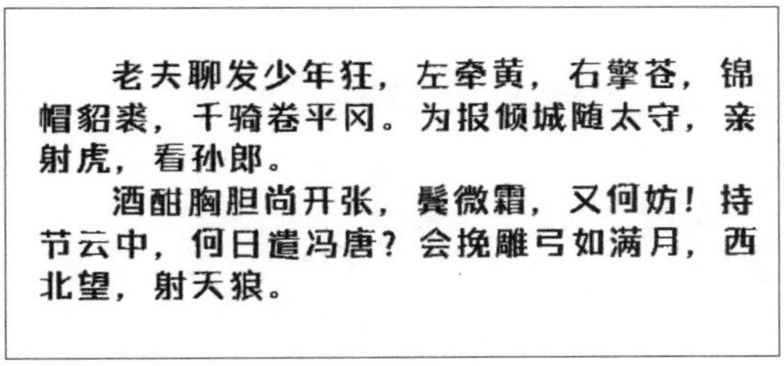

老夫聊发少年狂，左牵黄，右擎苍，锦帽貂裘，千骑卷平冈。为报倾城随太守，亲射虎，看孙郎。
酒酣胸胆尚开张，鬓微霜，又何妨！持节云中，何日遣冯唐？会挽雕弓如满月，西北望，射天狼。

图 11-34

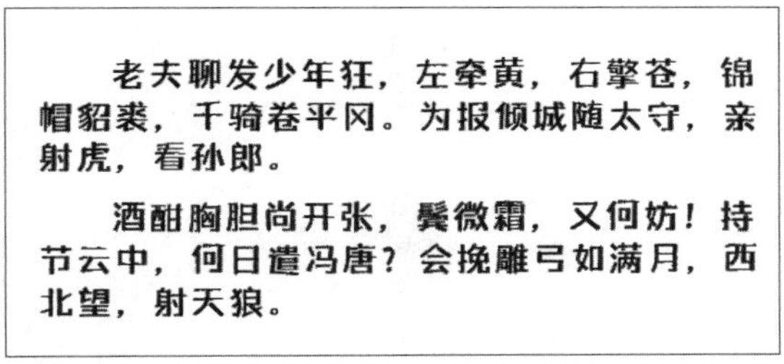

老夫聊发少年狂，左牵黄，右擎苍，锦帽貂裘，千骑卷平冈。为报倾城随太守，亲射虎，看孙郎。

酒酣胸胆尚开张，鬓微霜，又何妨！持节云中，何日遣冯唐？会挽雕弓如满月，西北望，射天狼。

图 11-35

5. 避头尾

避头尾用于指定中文文本的换行方式。不能位于行首或行尾的字符称为避头尾字符。默认情况下，系统默认为"无"，可根据需要选择"严格"或"宽松"避头尾集，如图11-36所示。

图 11-36

动手练 制作生日邀请函

素材位置：**本书实例\第11章\制作生日邀请函\背景.jpg和文案.txt**

本练习将介绍生日邀请函的制作方法，主要运用的知识包括文字工具、字符面板、段落面板的使用。具体操作过程如下。

步骤01 打开素材文档，使用"画板工具"调整画板为宽128mm、高190mm，如图11-37所示。

步骤02 使用"选择工具"选中背景，在控制栏中分别单击"水平居中对齐"与"垂直居中对齐"按钮，按Ctrl+2组合键锁定图层，如图11-38所示。

图 11-37

图 11-38

步骤03 使用"文字工具"在"字符"面板中设置参数，如图11-39所示。

步骤04 输入文字，设置水平居中对齐，如图11-40所示。

步骤05 按住Alt键移动复制，更改底部文字颜色（#a87e33），调整显示，如图11-41所示。

图 11-39

图 11-40

图 11-41

步骤06 选择"圆角矩形工具"绘制矩形，调整不透明度为50%，设置水平居中对齐，按Ctrl+A组合键全选，再按Ctrl+2组合键锁定图层，如图11-42所示。

步骤07 打开"生日文案.txt"，按Ctrl+A组合键全选，再按Ctrl+C组合键复制文字，如图11-43所示。选择"文字工具"创建文本框，按Ctrl+V组合键粘贴文字，如图11-44所示。

图 11-42

图 11-43

图 11-44

步骤08 在"字符"面板中设置参数，如图11-45所示。

步骤09 效果如图11-46所示。

步骤10 将光标移至文字末尾，按回车键换行，如图11-47所示。

图 11-45

图 11-46

图 11-47

步骤11 选择部分文字，在"段落"面板中设置参数，如图11-48所示。效果如图11-49所示。

步骤12 选择最后两行文字，单击"右对齐"按钮，更改文字颜色为#4c2d00，如图11-50所示。

图 11-48

图 11-49

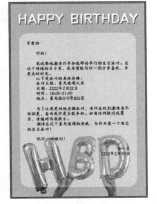

图 11-50

11.3 图表的创建

　　图表是一种常见的数据可视化方式，包括柱形图、堆积柱形图、条形图及堆积条形图等。

11.3.1 柱形图与堆积柱形图

　　柱形图是最常用的图表表示方法，柱形的高度对应数值。可以组合显示正值和负值，其中，正值显示为向水平轴上方延伸的柱形；负值显示为向水平轴下方延伸的柱形。下面对柱形图和堆积柱形图进行介绍。

1. 柱形图

柱形图适用于展示不同类别间数据的对比，可以清晰地看出各类别间数值的差异。选择"柱形图工具" ⬛，可以直接按住鼠标左键拖曳绘制图表显示范围。若要精确绘制，可以在画板上单击，在弹出的对话框中设置图表的宽度和高度，如图11-51所示。设置完成后单击"确定"按钮，弹出图表数据输入框，如图11-52所示。

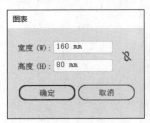

图 11-51　　　　　　　　　　　　　图 11-52

单击"应用"按钮 ✓，即可生成相应的图表，如图11-53所示。若要缩放其大小，可以选中图表后右击，在弹出的菜单中选择"变换"|"缩放"命令。

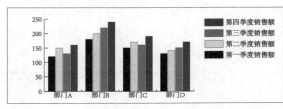

图 11-53

若要对图表的外观和标签图示进行更改，可以使用"直接选择工具" ▷ 或"编组选择工具" ⬚，选中图表部分图形、文字进行更改。若要更改颜色，可以按住Shift键，选中相同的部分进行统一修改，如图11-54所示。也可以设置完成一个后使用"吸管工具"拾取并应用同属性，如图11-55所示。

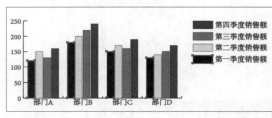

图 11-54

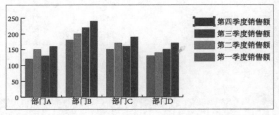

图 11-55

2. 堆积柱形图

堆积柱形图与柱形图类似，不同之处在于柱形图只显示单一的数据比较，而堆积柱形图显示全部数据总和的比较，如图11-56所示。堆积柱形图柱形的高度对应参与比较的数值，其数值必须全部为正数或全部为负数。因此，常用堆积柱形图表示数据总量的比较。

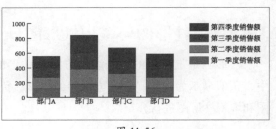

图 11-56

11.3.2　条形图与堆积条形图

条形图类似于柱形图，只是柱形图是以垂直方向的矩形显示图表中的数据，而条形图是以水平方向的矩形显示图表中的数据。使用"条形图工具"■创建的图表如图11-57所示。

堆积条形图类似于堆积柱形图，但是堆积条形图用水平方向的矩形条显示数据总量，与堆积柱形图正好相反，使用"堆积条形图工具"■创建的图表如图11-58所示。

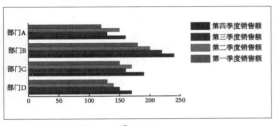

图 11-57

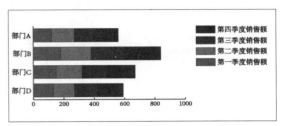

图 11-58

11.3.3　其他图表类型

还可以在图表工具中创建其他类型的图表，具体如下。

1. 折线图

折线图也是一种比较常见的图表类型，该类型图表可以显示某种事物随时间变化的发展趋势，并明显地表现数据的变化走向，给人以直接明了的视觉效果。使用"折线图工具"■创建的图表如图11-59所示。

2. 面积图

面积图与折线图类似，区别在于面积图是利用折线下的面积而不是折线表示数据的变化情况。面积图中的数值必须全部为正数或全部为负数。面积图将每列的数值添加到先前列的总数中。使用"面积图工具"■创建的图表如图11-60所示。

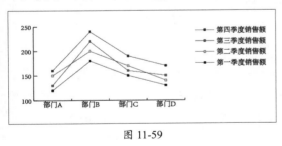

图 11-59

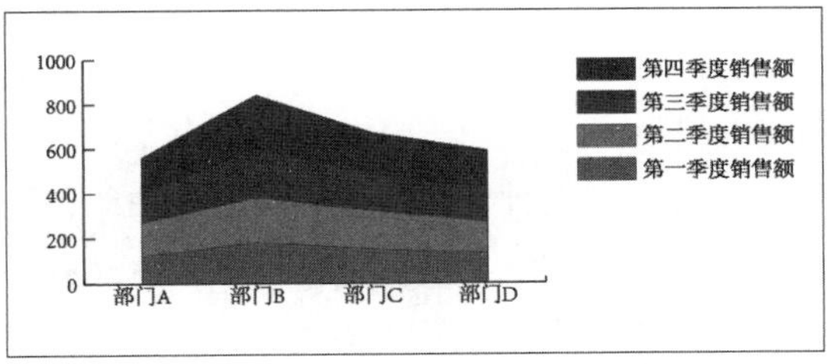

图 11-60

3. 散点图

散点图适用于展示两个变量之间的关系，通过观察点的分布情况判断变量之间的相关性。选择"散点图工具"■，在画板上单击，再在弹出的对话框中设置参数，如图11-61所示。单击"应用"按钮■，即可生成图表，如图11-62所示。

4. 饼图

饼图的数据整体显示为一个圆，每组数据按照其在整体中所占的比例，以不同颜色的扇形

平面设计核心应用标准教程（微课视频版）
Photoshop + Illustrator

区域显示，适用于展示数据的占比情况，通过不同扇形面积的大小反映各类别的占比。选择"饼图工具" ，在画板上单击，再在弹出的对话框中设置参数，如图11-63所示。单击"应用"按钮 ，即可生成图表，如图11-64所示。

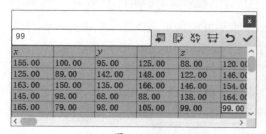

图 11-61

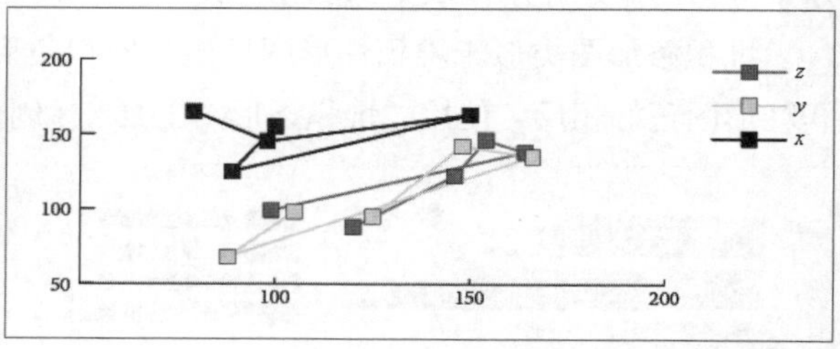

图 11-62

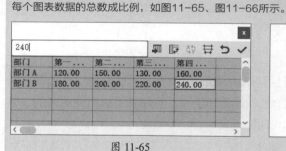

图 11-63

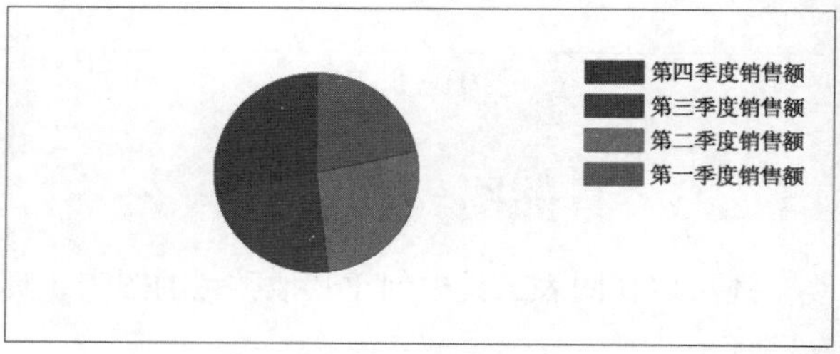

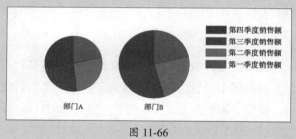

图 11-64

✓ 知识点拨 制作饼图时，图表数据输入框中的每行数据都可以生成单独的图表。默认情况下，单独饼图的大小与每个图表数据的总数成比例，如图11-65、图11-66所示。

图 11-65

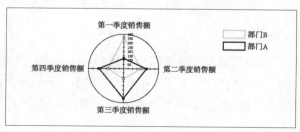

图 11-66

5. 雷达图

雷达图以一种环形的形式对图表中的各组数据进行比较，形成比较明显的数据对比，该类型图表适于表现一些变化悬殊的数据。选择"雷达图工具" ，在画板上单击，再在弹出的对话框中设置参数，如图11-67所示。单击"应用"按钮 ，即可生成图表，如图11-68所示。

图 11-67

图 11-68

动手练 制作成绩折线图

📖 **素材位置：本书实例\第11章\制作成绩折线图\折线图.ai**

本练习将介绍成绩折线图的制作方法，主要运用的知识包括折线图工具、直接选择工具、缩放命令的应用等。具体操作过程如下。

步骤01 选择"折线图工具"，在画板中按住鼠标左键拖曳绘制图表范围，如图11-69所示。

步骤02 在图表数据输入框中输入参数，如图11-70所示。

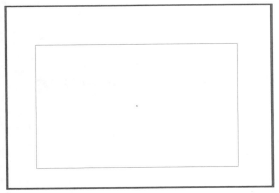

	李白	杜甫	孟浩然		
第一次测验	85.00	78.00	90.00		
第二次测验	78.00	72.00	85.00		
第三次测验	95.00	88.00	78.00		
第四次测验	92.00	90.00	96.00		
第五次测验	92.00	88.00	90.00		

图 11-69　　　　　　　　　　　　　　　　图 11-70

步骤03 单击"应用"按钮☑，应用该数据生成折线图，如图11-71所示。

步骤04 选择折线图表，右击，在弹出的菜单中选择"变换"|"缩放"选项，再在"比例缩放"对话框中设置缩放比例为80%，效果如图11-72所示。

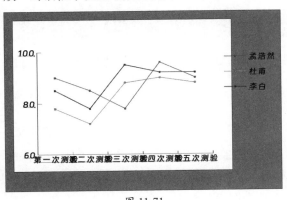

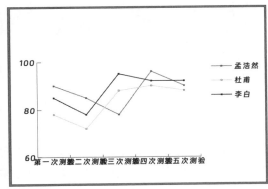

图 11-71　　　　　　　　　　　　　　　　图 11-72

步骤05 使用"直接选择工具"框选底部文字，更改字号为15pt，效果如图11-73所示。

步骤06 继续框选左侧文字，更改字号为18pt，效果如图11-74所示。

步骤07 选择图例部分，右击，在弹出的菜单中选择"变换"|"缩放"选项，再在"比例缩放"对话框中设置缩放比例为60%，效果如图11-75所示。

步骤08 使用"文字工具"输入文字，字号为40pt，设置水平居中对齐，效果如图11-76所示。

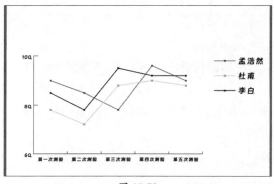

图 11-73

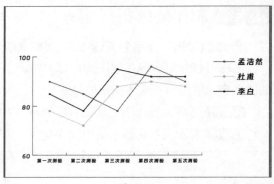

图 11-74

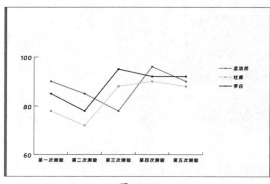

图 11-75

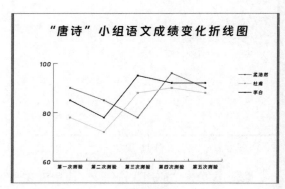

图 11-76

11.4 图表的编辑

图表的编辑是一个综合的过程，它涉及图表数据的处理、图表类型的选择及图表设计的优化。

11.4.1 更改图表数据

图表数据是图表编辑的基础，数据的准确性和完整性直接影响图表的呈现效果。若要修改图表，可以选中图表，在图表数据输入框中输入数值，再单击"应用"按钮，即可根据输入的数值修改图表。若关闭了图表数据输入框，可以选中图表后右击，在弹出的菜单中选择"数据"选项，重新打开图表数据输入框更改参数，如图11-77所示。单击"应用"按钮，即可应用新数据，如图11-78所示。

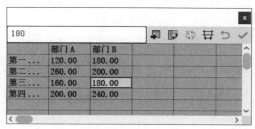

图 11-77

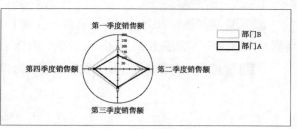

图 11-78

11.4.2 更改图表类型

在选择图表类型时，需要根据数据的特性和展示需求综合考虑，选择最适合的图表类型呈现数据。执行"对象"|"图表"|"类型"命令或右击图表，在弹出的菜单中选择"类型"选项，即可打开"图表类型"对话框，如图11-79所示。

图 11-79

1. 类型

- **图表类型** ：选择目标图表按钮，单击"确定"按钮，即可将页面中选择的图表更改为指定的图表类型。
- **数值轴**：除了饼形图外，其他类型的图表都有一条数值坐标轴。"数值轴"选项下拉列表中包括"位于左侧""位于右侧"和"位于两侧"3个选项，用于指定图表中坐标轴的位置。选择不同的图表类型，其"数值轴"中的选项也不完全相同。

2. 样式

- **添加投影**：选中该复选框后将在图表中添加阴影效果，增强图表的视觉效果。
- **在顶部添加图例**：选中该复选框后图例将显示在图表的上方。
- **第一行在前**：选中该复选框后图表数据输入框中第一行的数据代表的图表元素在前面。
- **第一列在前**：选中该复选框后图表数据输入框中第一列的数据代表的图表元素在前面。

除面积图外，其他类型的图表都有一些附加选项。不同类型图表的附加选项也不同，比如"列宽""簇宽度""图例"等，用户可以根据实际需要有选择性地进行设置。

11.4.3 设计图表样式

图表设计是图表编辑的最后一个环节，良好的图表设计应该能够突出数据的关键信息，并保持整体的美观和易读性。

选中图形对象，执行"对象"|"图表"|"设计"命令，打开"图表设置"对话框，单击"新建设计"按钮，即可将选中的图形对象新建为图表图案，如图11-80所示。单击"重命名"按钮，可以打开"图表设计"对话框来设置选中图案的名称，以便后期使用。完成后单击"确定"按钮，效果如图11-81所示。单击"确定"按钮，应用设置。

图 11-80

图 11-81

若要应用新建设计，需要选中图表，如图11-82所示。执行"对象"|"图表"|"柱形图"命令，或右击，在弹出的菜单中选择"列"选项，再在"图表列"话框中设置参数，如图11-83所示。

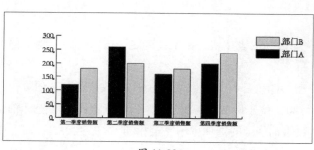

图 11-82

图 11-83

"图表列"对话框中的"列类型"选项用于设置不同的显示方式，其下拉列表中各选项的作用如下。

- **垂直缩放**：选择该选项将在垂直方向进行伸展或压缩而不改变宽度。
- **一致缩放**：选择该选项将在水平和垂直方向同时缩放。
- **重复堆叠**：选择该选项将堆积设计以填充柱形。可以指定"每个设计表示"的值，"对于分数"可选择"截断设计"或"缩放设计"。
- **局部缩放**：该选项类似于垂直缩放设计，但可以在设计中指定伸展或压缩的位置。

 动手练 美化折线图表

素材位置：**本书实例\第11章\美化折线图\折线图.ai**

本练习将介绍折线图的美化方法，主要运用的知识包括图表类型、编组选择工具及重新着色图稿。具体操作过程如下。

步骤01 打开素材文档，选择折线图表，右击，在弹出的"图表类型"对话框中选中"在顶部添加图例"复选框，如图11-84所示。效果如图11-85所示。

图 11-84

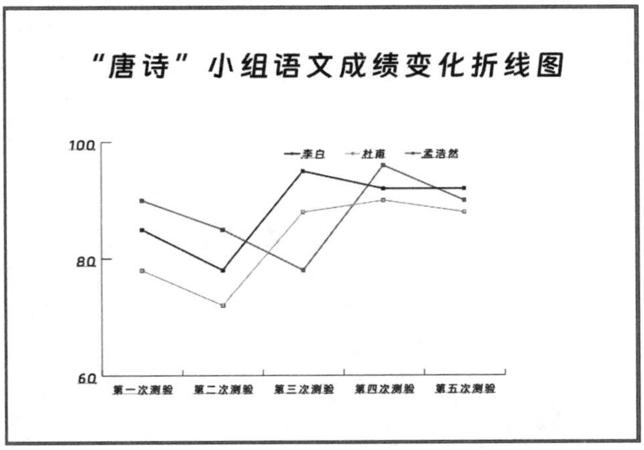

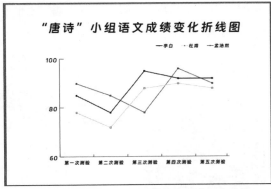

图 11-85

步骤02 使用"编组选择工具"调整图例与折线图表的显示,如图11-86所示。

步骤03 分别选中折线与图例中的矩形,设置填充为无,如图11-87所示。

图 11-86

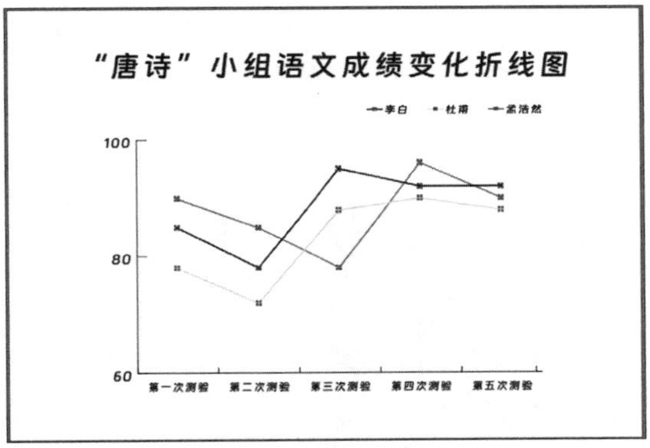

图 11-87

步骤04 按住Shift键加选直线段,如图11-88所示。

步骤05 在控制栏中单击"重新着色图稿"⬛按钮,再在弹出的对话框中单击"高级选项...",如图11-89所示。

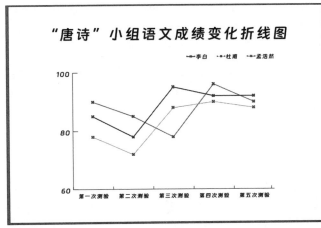

图 11-88

图 11-89

步骤06 在"重新着色图稿"对话框中双击■按钮，再在弹出的"拾色器"中设置颜色，如图11-90所示。单击"确定"按钮，返回"重新着色图稿"对话框，如图11-91所示。

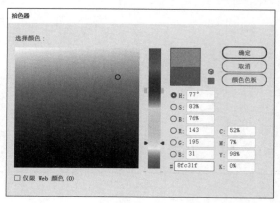

图 11-90　　　　　　　　　　　　图 11-91

步骤07 使用相同的方法，在"拾色器"对话框中设置第二种颜色，如图11-92所示。

步骤08 在第三行单击■按钮后，右击，单击弹出的"添加新颜色"按钮，双击■按钮，在"拾色器"对话框中设置第三种颜色，如图11-93所示。

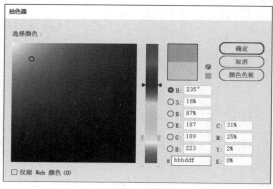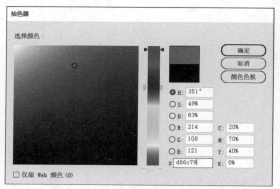

图 11-92　　　　　　　　　　　　图 11-93

步骤09 在第三行右击，再在弹出的菜单中选择"移去颜色"选项，效果如图11-94所示。

步骤10 单击"确定"按钮应用效果，选择所有文字，更改填充颜色为#3e3a39，如图11-95所示。至此美化折线图表完成。

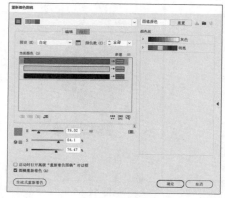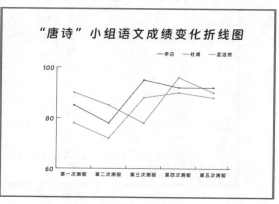

图 11-94　　　　　　　　　　　　图 11-95

Ps+Ai
Photoshop+Illustrator

第12章
复合图形的创建

本章将对复合图形的创建进行讲解，包括复合路径与复合形状、剪切蒙版、混合对象、封套扭曲及符号的创建编辑。了解并掌握这些基础知识，能够更好地利用图像处理软件的功能，进行创意设计和图像处理。

 要点难点

- 掌握复合路径与形状的创建
- 掌握剪切蒙版的创建与编辑
- 掌握混合对象与封套扭曲的创建
- 掌握符号的创建与调整

平面设计核心应用标准教程（微课视频版）
Photoshop + Illustrator

12.1 复合路径与复合形状

复合路径适用于需要永久性组合并形成单一复杂路径的情形；复合形状则具有更大的灵活性，可以在不破坏原形状的前提下暂时组合形状，便于后续编辑和操作。

12.1.1 复合路径

复合路径是由多个形状组合而成的一个整体对象，相交部分会产生镂空效果。将对象定义为复合路径后，复合路径中的所有对象都将应用堆栈顺序中最后方对象的上色和样式属性。

使用工具绘制并选择需要组合复合路径的形状，如图12-1所示。右击，在弹出的菜单中选择"建立复合路径"选项，即可创建复合路径，如图12-2所示。可以对创建的复合路径进行移动、缩放、旋转等操作。

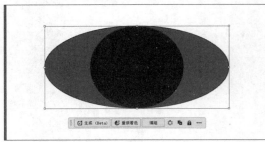

图 12-1

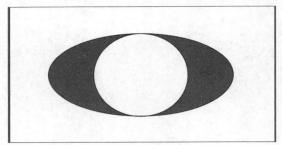

图 12-2

12.1.2 复合形状

可以使用路径查找器和形状生成器创建复合形状。

1. 路径查找器

可使用Illustrator中的工具，如矩形工具、椭圆工具等，创建基本形状。执行"窗口"|"路径查找器"命令，打开"路径查找器"面板，如图12-3所示。

图 12-3

- **联集**▣：将两个或多个形状合并为一个单一的形状，并保留顶层对象的上色属性。
- **减去顶层**▣：从底层形状中减去与顶层形状重叠的部分。
- **交集**▣：只保留两个或多个形状重叠的部分，删除其他部分。
- **差集**▣：删除两个或多个形状重叠的部分，只保留不重叠的部分。
- **分割**▣：将形状分割为多个部分，每个部分都是独立的。
- **裁剪**▣：删除所有描边，保留顶层形状与底层形状重叠的部分，并删除顶层形状之外的部分。
- **轮廓**▣：将形状转换为轮廓线，删除填充但保留描边。
- **减去后方对象**▣：从最前面的对象中减去后面的对象。

以上形状运算效果如图12-4所示。

- 修边 ▣：删除所有描边，且不合并相同颜色的对象。
- 合并 ▣：删除所有描边，且合并具有相同颜色的相邻或重叠的对象。

以上形状运算效果如图12-5所示。

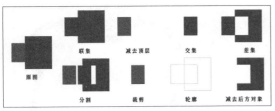

图 12-4

图 12-5

2. 形状生成器工具

使用形状生成器工具可以通过合并和涂抹更简单的对象创建复杂对象。选择多个图形后，选择"形状生成器工具" 🔲，或按Shift+M组合键，单击或按住鼠标左键拖曳选定区域，如图12-6所示。释放鼠标后显示合并路径创建新形状，如图12-7所示。

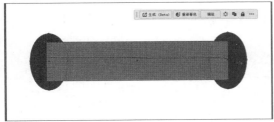

图 12-6

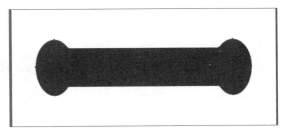

图 12-7

动手练 绘制卡通熊图标

📎 **素材位置：本书实例\第12章\绘制卡通熊图标\熊.ai**

本练习将介绍卡通熊图标的绘制，主要运用的知识包括椭圆工具、形状生成器工具及直接选择工具的应用。具体操作过程如下。

步骤01 新建高和宽各为48像素的文档，选择"椭圆工具"，绘制宽为38px、高为36px的椭圆，如图12-8所示。继续绘制宽、高各为17px的正圆，如图12-9所示。

步骤02 创建垂直水平参考线，选择"镜像工具"，按住Alt键调整中心点，垂直翻转，如图12-10所示。

图 12-8

图 12-9

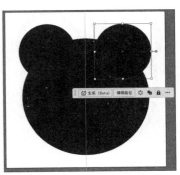

图 12-10

步骤03 按Ctrl+A组合键全选，使用"形状生成器工具"合并形状，如图12-11所示。

步骤04 在工具栏中单击 按钮，互换填色和描边，再在选项栏中单击"描边"，在弹出的菜单中设置参数，如图12-12所示。效果如图12-13所示。

图 12-11　　　　　　　　　　　图 12-12　　　　　　　　　　　图 12-13

步骤05 选择"椭圆工具"，绘制宽和高各为4px的正圆，按住Alt键移动复制，如图12-14所示。

步骤06 选择"椭圆工具"，绘制宽和高各为6px的正圆，与水平居中参考线顶部对齐，如图12-15所示。

步骤07 选择"直线工具"，绘制宽为8px的直线，如图12-16所示。

图 12-14　　　　　　　　　　　图 12-15　　　　　　　　　　　图 12-16

步骤08 选择"椭圆工具"，绘制椭圆，如图12-17所示。

步骤09 使用"直接选择工具"，单击椭圆顶部锚点，按Delete键删除，如图12-18所示。

步骤10 隐藏参考线，调整弧线的弧度，如图12-19所示。

图 12-17　　　　　　　　　　　图 12-18　　　　　　　　　　　图 12-19

12.2 剪切蒙版

使用剪贴蒙版可以将一个对象的形状或图案限定在另一个对象的范围内，从而实现图形的修饰、填充和遮罩效果。

12.2.1 创建剪切蒙版

置入一张位图图像，绘制一个矢量图形，按Ctrl+A组合键全选，如图12-20所示。右击，在弹出的菜单中选择"建立剪贴蒙版"选项，创建剪贴蒙版，如图12-21所示。

图 12-20

图 12-21

若选中图像后，直接在上下文任务栏中单击"蒙版图像"选项，如图12-22所示，可以以图像为蒙版。使用"直接选择工具"单击锚点，可以调整蒙版大小，拖曳内部控制点，可以调整圆角半径，如图12-23所示。

图 12-22

图 12-23

12.2.2 编辑剪切蒙版

创建剪切蒙版之后右击，在弹出的菜单中选择"隔离选中的剪贴蒙版"选项，或者双击蒙版对象，进入隔离模式，如图12-24所示。选择原始位图可以进行调整，如图12-25所示，双击空白处，退出隔离模式。

图 12-24

图 12-25

12.2.3 释放剪切蒙版

若要释放剪贴蒙版，右击，在弹出的菜单中选择"释放剪贴蒙版"选项即可，被释放的剪贴蒙版路径的填充和描边为无，如图12-26所示。

图 12-26

动手练 制作九宫格图像

📎 素材位置：**本书实例\第12章\制作九宫格图像\春天.jpg**

本练习将介绍九宫格图像的制作方法，主要运用的知识包括置入图像、矩形绘制、复制、变换、对齐与分布，以及建立剪切蒙版。具体操作过程如下。

步骤01 置入素材图像，如图12-27所示。

步骤02 选择"矩形工具"绘制矩形，如图12-28所示。

图 12-27

图 12-28

步骤03 按住Alt键移动复制，按Ctrl+D组合键再次变换，如图12-29所示。

步骤04 加选前两个矩形，按住Alt键向下移动复制，按Ctrl+D组合键再次变换，如图12-30所示。

图 12-29

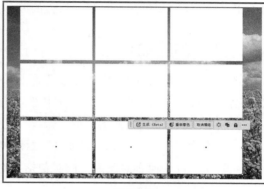

图 12-30

步骤05 全选矩形，右击，在弹出的菜单中选择"建立复合路径"选项，如图12-31所示。

步骤06 分别单击"水平居中对齐"按钮▣和"垂直居中对齐"按钮▣，如图12-32所示。

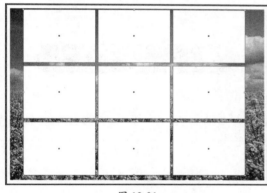

图 12-31

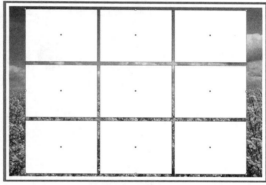

图 12-32

步骤07 使用"直接选择工具"，调整圆角半径（R为7.4mm），如图12-33所示。

步骤08 按Ctrl+A组合键全选，右击，在弹出的菜单中选择"建立剪切蒙版"选项，如图12-34所示。

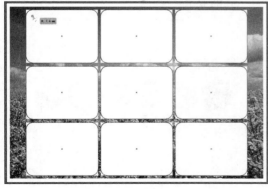

图 12-33

图 12-34

12.3 混合对象

混合对象用于在一个或多个对象之间创建连续的中间形状或颜色渐变过渡效果。不仅可用于形状，还可用于颜色和透明度等属性的混合。

12.3.1 创建混合对象

选择目标对象，双击"混合工具" ，弹出"混合选项"对话框，如图12-35所示。该对话框中部分选项的功能如下。

- **间距**：设置要添加到混合的步骤数，包括"平滑颜色"、"指定的步数"和"指定的距离"3种选项。
- **取向**：设置混合对象的方向，包括"对齐页面" 和"对齐路径" 。

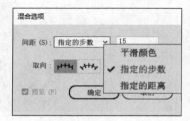

图 12-35

设置完成后，在要创建的混合对象上依次单击，即可创建混合效果；或按Alt+Ctrl+B组合键，也可以实现相同的效果。图12-36、图12-37所示分别为应用混合步数前后的效果。

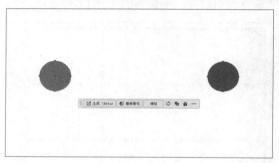

图 12-36

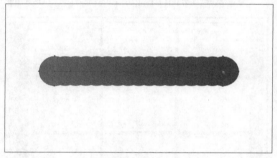

图 12-37

12.3.2 编辑混合对象

混合对象创建后仍可进行编辑，比如改变混合中一个对象的大小、位置或形状，整个混合也会相应更新。

双击"混合工具"，在弹出的"混合选项"对话框中调整参数，图12-38所示为"混合颜色"效果，图12-39所示为"指定的距离"对齐页面15mm的效果。

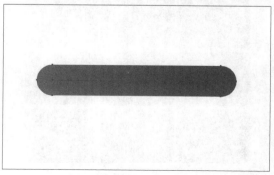

图 12-38

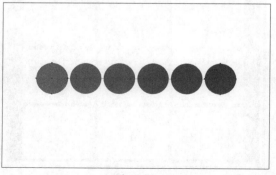

图 12-39

混合轴是连接混合对象间的路径，可以通过相关的路径工具进行编辑。选中混合对象，如图12-40所示。执行"对象"|"混合"|"反向混合轴"命令，即可改混合轴方向，如图12-41所示。

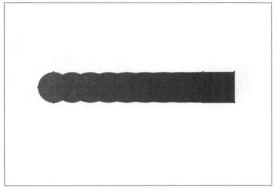

图 12-40

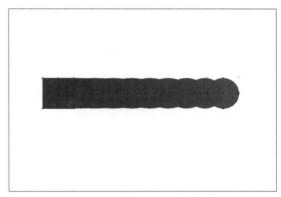

图 12-41

使用"直接选择工具"拖曳混合轴上的锚点或路径段，可以调整混合轴的方向，图12-42、图12-43所示分别为拖曳锚点和路径段的调整效果。

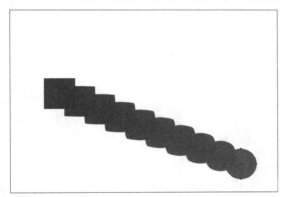

图 12-42

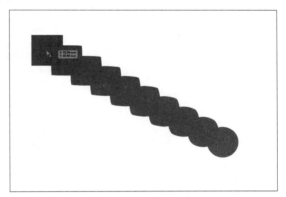

图 12-43

混合对象具有堆叠顺序，若要改变混合对象的堆叠顺序。使用"选择工具"选中混合对象后，执行"对象"|"混合"|"反向堆叠"命令，即可改变混合对象的堆叠顺序，图12-44、图12-45所示分别为应用反向堆叠前后的效果。

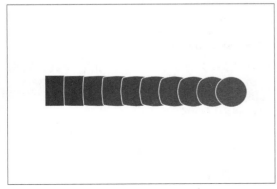

图 12-44

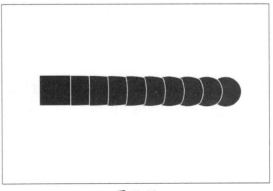

图 12-45

若文档中存在其他路径，可以选中路径和混合对象，如图12-46所示。执行"对象"|"混合"|"替换混合轴"命令，使用选中的路径替换混合轴，如图12-47所示。

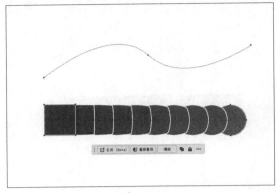

图 12-46

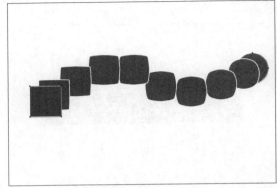

图 12-47

12.3.3　释放和扩展混合对象

释放一个混合对象会删除新对象并恢复至原始对象状态。扩展一个混合对象会将混合分割为一系列不同对象。选择混合对象，执行"对象"|"混合"|"释放"命令，将删除混合对象并恢复至原始对象状态，如图12-48所示。执行"对象"|"混合"|"扩展"命令，将混合分割为一系列的整体，使用"直接选择工具"和"编组选择工具"可分别进行拖曳调整，如图12-49所示。

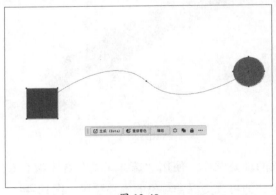

图 12-48

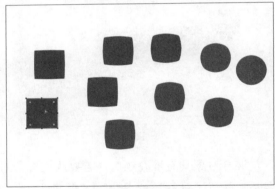

图 12-49

 动手练 制作弥散效果图形

📎 **素材位置：本书实例\第12章\制作弥散效果图形\弥散图形.ai**

本练习将介绍弥散效果图形的制作方法，主要运用的知识包括椭圆工具、混合工具、效果画廊，以及模糊效果的应用。具体操作过程如下。

步骤01 选择"椭圆工具"，按住Shift键绘制正圆，如图12-50所示。

步骤02 继续绘制正圆，分别填充颜色（#ffc7b6、#ff7f5c），如图12-51所示。

步骤03 全选正圆，以白色正圆为对齐对象，单击"顶对齐"按钮，如图12-52所示。

步骤04 双击"混合工具"，在弹出的"混合选项"对话框中设置参数，如图12-53所示。

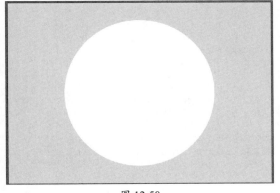

图 12-50

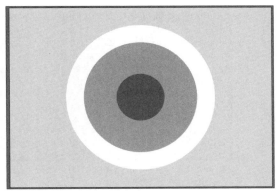

图 12-51

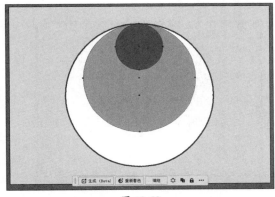

图 12-52

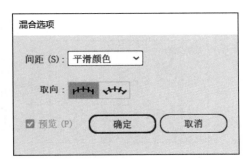

图 12-53

步骤05 按Alt+Ctrl+B组合键创建混合，如图12-54所示。

步骤06 执行"效果"|"效果画廊"命令，在弹出的对话框中选择"纹理"|"颗粒"效果，如图12-55所示。

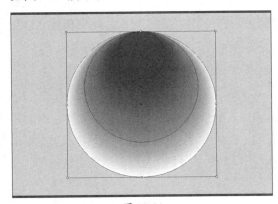

图 12-54

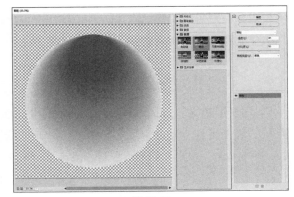

图 12-55

步骤07 选择"椭圆工具"，绘制两个椭圆并填充颜色（#8fc31f），水平居中对齐，如图12-56所示。

步骤08 在"路径查找器"对话框中单击"联集"按钮，如图12-57所示。

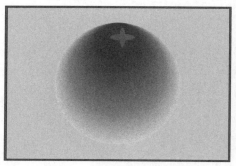

图 12-56

图 12-57

步骤09 执行"效果"|"模糊"|"高斯模糊"命令，在弹出的"高斯模糊"对话框中设置参数，如图12-58所示。调整旋转角度与大小，最终效果如图12-59所示。

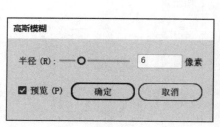

图 12-58

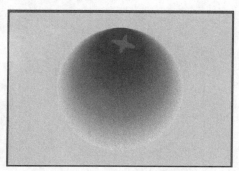

图 12-59

12.4 封套扭曲

使用封套扭曲可以将选定的对象或文本包裹在一个预定义的形状或自定义的网格中，从而实现对原有对象的变形。在Illustrator软件中，可以通过3种方式建立封套扭曲：用变形建立、用网格建立及用顶层对象建立。

12.4.1 用变形建立

"用变形建立"方式可通过预设创建封套扭曲。选中要变形的对象，执行"对象"|"封套扭曲"|"用变形建立"命令，或按Alt+Shift+Ctrl+W组合键，在弹出的"变形选项"对话框设置变形参数，例如弧形、拱形、旗形、鱼眼、扭转等。图12-60、图12-61所示分别为应用弧形前后的效果。

图 12-60

图 12-61

12.4.2 用网格建立

"用网格建立"方式可通过创建矩形网格建立封套扭曲。选中要变形的对象，执行"对象"|"封套扭曲"|"用网格建立"命令，或按Alt+Ctrl+M组合键，在弹出的"封套网格"对话框设置网格行数与列数，单击"确定"按钮，即可创建网格。可通过"直接选择工具"调整网格格点使对象变形，如图12-62所示。

图 12-62

12.4.3 用顶尾对象建立

"用顶层对象建立"方式可通过顶层对象的形状调整下方对象的形状。要注意的是，顶层对象必须为矢量对象。选中顶层对象和需要进行封套扭曲的对象，如图12-63所示。执行"对象"|"封套扭曲"|"用顶层对象建立"命令，或按Alt+Ctrl+C组合键，即可创建封套扭曲效果，如图12-64所示。

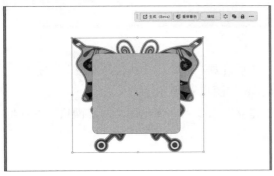

图 12-63

图 12-64

动手练 制作波浪线背景

　素材位置：**本书实例\第12章\制作波浪线背景\波浪.ai**

本练习将介绍波浪线背景的制作方法，主要运用的知识包括矩形工具、直线段工具、复制、再次变化、封套扭曲，以及建立剪切蒙版等。具体操作过程如下。

步骤01 新建A4大小的文档，选择"矩形工具"，绘制文档大小矩形并填充颜色（#f9f8c9），如图12-65所示。

平面设计核心应用标准教程（微课视频版）
Photoshop + Illustrator

步骤02 选择"直线段工具"绘制直线段，设置填充为无，描边为6pt（橙色、黄色），宽度配置文件2，如图12-66所示。

图 12-65

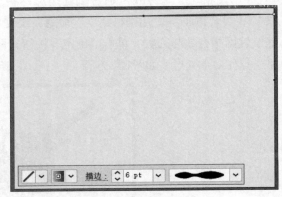

图 12-66

步骤03 按住Alt键向下移动复制直线段，如图12-67所示。

步骤04 按住Ctrl+D组合键再次变换，如图12-68所示。

图 12-67

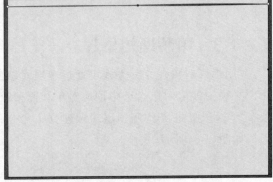

图 12-68

步骤05 按Ctrl+A组合键全选，执行"对象"|"扩展外观"命令；再执行"对象"|"扩展"命令，在弹出的"扩展"对话框中单击"确定"按钮，如图12-69所示。

步骤06 执行"对象"|"封套扭曲"|"用网格建立"命令，在弹出的"封套网格"对话框中设置参数，如图12-70所示。

图 12-69

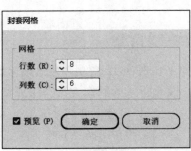

图 12-70

206

步骤07 效果如图12-71所示。

步骤08 选择"比例缩放工具" 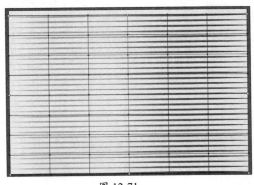，按住Shift键等比例缩小，如图12-72所示。

| 图 12-71 | 图 12-72 |

步骤09 选择"直接选择工具"框选第二列锚点，按住Shift键依次框选第4排、第6排锚点，如图12-73、图12-74所示。

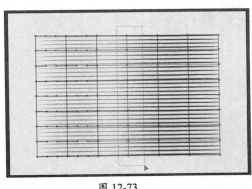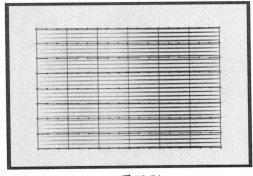

| 图 12-73 | 图 12-74 |

步骤10 选中一个锚点，按住鼠标左键向上拖曳，如图12-75所示。向上拖至目标位置后释放鼠标，如图12-76所示。

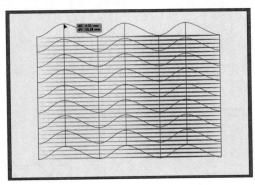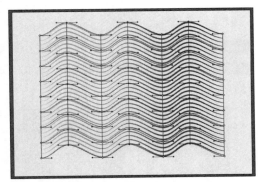

| 图 12-75 | 图 12-76 |

步骤11 单击选中锚点进行不规则调整，如图12-77、图12-78所示。

步骤12 使用同样的方法对剩下的锚点进行调整，如图12-79所示。

步骤13 使用"选择工具"单击波浪线组周围出现控制框，选择"比例缩放工具" ，按住Shift键等比例放大，如图12-80所示。

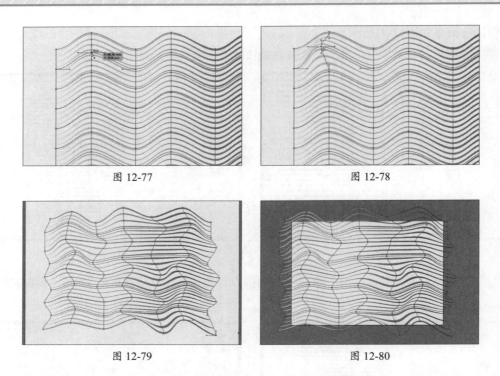

图 12-77　　　　　　　　　　　　图 12-78

图 12-79　　　　　　　　　　　　图 12-80

步骤14 双击 "旋转工具" ⬚，在弹出的 "旋转" 对话框中设置参数，如图12-81所示。

步骤15 选择 "比例缩放工具" ⬚，按住Shift键等比例放大，如图12-82所示。

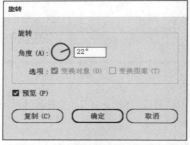

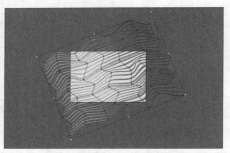

图 12-81　　　　　　　　　　　　图 12-82

步骤16 选择 "矩形工具" 绘制文档大小的矩形，如图12-83所示。

步骤17 按住Shift键加选波浪线条，右击，在弹出的菜单中选择 "建立剪贴蒙版" 选项，如图12-84所示。

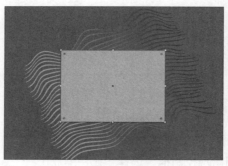

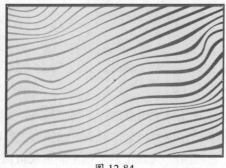

图 12-83　　　　　　　　　　　　图 12-84

12.5 符号的创建编辑

"符号"是Illustrator中绘制大量重复元素必不可缺的一种图形对象。

12.5.1 "符号"面板

若要创建符号，需在"符号"面板中选择合适的符号进行添加。选择"窗口"|"符号"命令，弹出"符号"面板，如图12-85所示。

在"符号"面板中单击"符号库菜单" 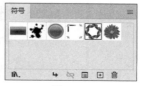，弹出如图12-86、图12-87所示的菜单。在菜单中任选一个选项，即可弹出该选项的面板，例如，选择"原始"选项，打开"原始"面板，如图12-88所示。选择一个符号样本，"符号"面板随机添加此符号样本，如图12-89所示。

图 12-85

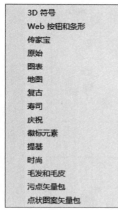

图 12-86

图 12-87

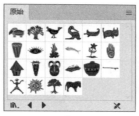

图 12-88

图 12-89

12.5.2 符号的编辑

选择符号工具组中的工具，即可对符号对象的位置、大小、不透明度、方向、颜色、样式等属性进行调整。

1. 移动符号

使用符号移位器工具可更改该符号组中符号实例的位置。使用"符号喷枪工具"创建符号对象，如图12-90所示。选择"符号移位器工具" ，并在符号上按住鼠标左键拖曳，即可调整其位置，如图12-91所示。

2. 调整符号间距

使用符号紧缩器工具可调整符号分布的间距。选中符号对象，选择"符号紧缩器工具" ，并在符号上按住鼠标左键拖曳，即可使部分符号间距缩短，如图12-92所示。按住Alt键，同时按住鼠标左键拖曳，即可使部分符号间距增大，如图12-93所示。

3. 调整符号大小

使用符号缩放器工具可调整符号大小。选中符号对象，选择"符号缩放器工具" ，并在

平面设计核心应用标准教程（微课视频版）
Photoshop + Illustrator

符号上单击或按住鼠标左键拖曳，即可使部分符号增大，如图12-94所示。按住Alt键，同时按住鼠标左键拖曳，即可使部分符号变小，如图12-95所示。

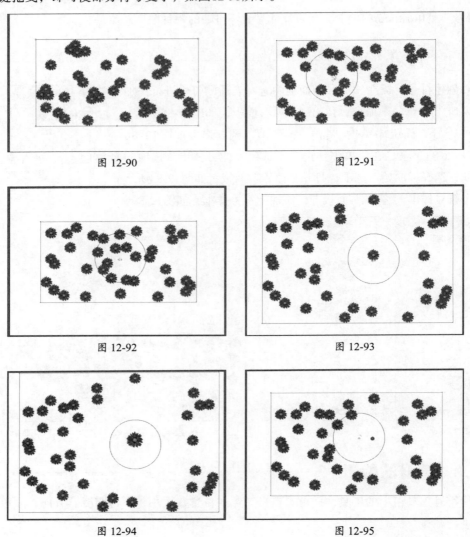

图 12-90

图 12-91

图 12-92

图 12-93

图 12-94

图 12-95

4. 旋转符号

使用符号旋转器工具可旋转符号。选中符号对象，选择"符号旋转器工具" ⓔ，在符号上单击或按住鼠标左键拖曳，即可旋转符号，如图12-96、图12-97所示。

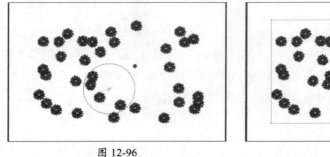

图 12-96

图 12-97

5. 调整符号颜色

使用符号着色器工具可调整符号的颜色。在控制栏或工具箱中设置颜色，选中符号对象，选择"符号着色器工具" ，在符号上单击即可调整符号颜色，随着涂抹次数增多，着色量也逐渐增加，如图12-98所示。按住Alt键，单击或拖曳以减少着色量并显示更多原始符号颜色，如图12-99所示。

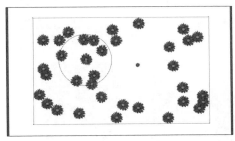
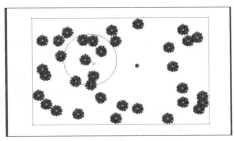

图 12-98

图 12-99

6. 调整符号透明度

使用符号滤色器工具可调整符号的透明度。选中符号对象，选择"符号滤色器工具" ，在符号上单击或按住鼠标左键拖曳，即可使其变为半透明效果，涂抹次数越多，图形越透明，如图12-100所示。按住Alt键同时按住鼠标左键拖曳，即可使其变得不透明，如图12-101所示。

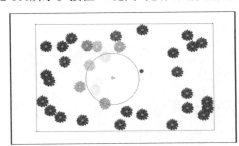
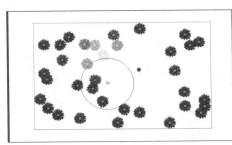

图 12-100

图 12-101

7. 添加符号样式

使用符号样式器工具配合"图形样式"面板，可在符号上添加或删除图形样式。选中符号，选择"符号样式器工具" ，执行"窗口"|"图形样式"命令，在弹出的"图形样式"面板中选择"柔化斜面" 图形样式，再在符号上单击或按住鼠标左键拖曳，即可在原符号基础上添加图形样式，如图12-102所示。按住Alt键同时按住鼠标左键拖曳，可将添加的图层样式清除，如图12-103所示。

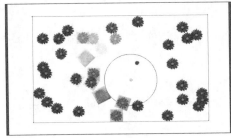
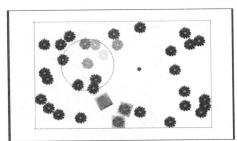

图 12-102

图 12-103

动手练 使用符号制作背景

📖 素材位置：**本书实例\第12章\使用符号制作背景\背景.ai**

本练习将介绍如何使用符号工具制作背景，主要运用的知识包括符号库、符号面板、符号喷枪工具，以及剪切蒙版的创建。具体操作过程如下。

步骤01 在"符号库"中找到"污点矢量包"，选择"污点矢量包-15"添加至"符号"面板中，如图12-104所示。选择"符号喷枪工具"，在画板上任意位置单击后拖曳鼠标左键，释放鼠标即可创建符号，如图12-105所示。

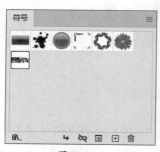

图 12-104

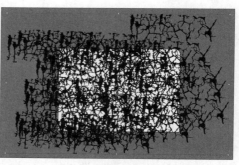

图 12-105

步骤02 选择"矩形工具"绘制与文档等大的矩形，如图12-106所示。按Ctrl+A组合键全选，右击鼠标，在弹出的菜单中选择"建立剪切蒙版"选项，如图12-107所示。

图 12-106

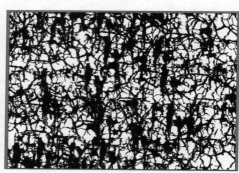

图 12-107

步骤03 双击进入隔离模式，选择符号组，使用"符号滤色器工具"调整符号的不透明度，如图12-108所示。按Esc键退出隔离模式，最终效果如图12-109所示。

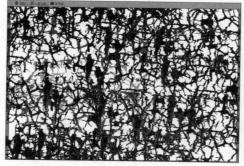

图 12-108

图 12-109

Ps+Ai
Photoshop+Illustrator

第13章
效果与图形
样式的应用

本章将对效果、图形样式及外观属性进行讲解，包括创建特殊效果、图形样式及外观属性。了解并掌握这些基础知识，能够简化创作流程，从而更高效地组织和调整设计元素。

 要点难点

- 掌握3D、扭曲和变换等特殊效果的应用
- 掌握效果画廊的应用
- 掌握图形样式的应用与编辑
- 掌握外观属性的设置与编辑

13.1 创建特殊效果

"效果"菜单包含一系列强大的工具，允许用户对图形对象添加各种复杂的特殊效果。

13.1.1 3D效果

3D效果用于为对象添加立体效果，通过高光、阴影、旋转及其他属性控制3D对象的外观，还可以在3D对象表面添加贴图效果。常用的3D效果包括"凸出和斜角""绕转"和"旋转"3种。

1. 凸出和斜角

凸出和斜角是指沿对象的Z轴凸出拉伸一个2D对象，增加对象深度，制作立体效果。选择对象，执行"效果"|"3D和材质"|"3D（经典）"|"凸出和斜角（经典）"命令，弹出"3D凸出和斜角选项（经典）"对话框，如图13-1所示。

该对话框中部分常用选项功能如下。

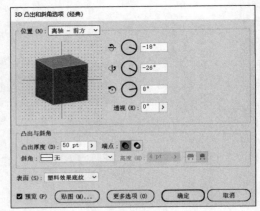

图 13-1

- 位置：用于设置对象的旋转方式并查看对象的透视角度。可以在下拉列表中选择预设的位置选项，也可以在右侧的三个文本框中进行不同方向的旋转调整，或直接使用鼠标拖曳。

- 透视：用于设置对象的透视效果。数值设置为0°时，没有任何效果。角度越大，透视效果越明显。

- 凸出厚度：用于设置凸出的厚度。取值范围为0～2000。

- 端点：用于设置对象是实心⊙显示还是空心◎显示。

- 斜角：用于设置斜角效果。

- 高度：用于设置1～1000的高度值。"斜角外扩"🔳将斜角添加至对象的原始形状；"斜角内缩"🔳从对象的原始形状中砍去斜角。

- 表面：用于设置表面底纹。选择"线框"，会显示几何形状的对象，表面透明；选择"无底"，不向对象添加任何底纹；选择"扩散底纹"，使对象以一种柔和扩散的方式反射光；选择"塑料效果底纹"，使对象以一种闪烁的材质模式反光。

- 更多选项：单击该按钮，可在展开的参数窗口中设置光源强度、环境光、高光强等参数。

- 贴图：用于将图稿映射到三维对象的表面。

2. 绕转

绕转是指围绕全局Y轴绕转一条路径或剖面，使其做圆周运动创建立体效果。选择目标对象，执行"效果"|"3D和材质"|"3D（经典）"|"绕转（经典）"命令，弹出"3D绕转选项（经典）"对话框，如图13-2所示。应用效果如图13-3所示。

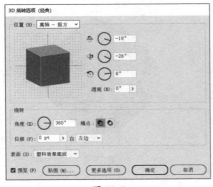

图 13-2

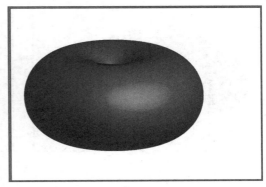

图 13-3

3. 旋转

旋转是指在三维空间中旋转对象。选择目标对象，执行"效果"|"3D和材质"|"3D（经典）"|"旋转（经典）"命令，在弹出的对话框中设置参数，如图13-4所示。应用效果如图13-5所示。

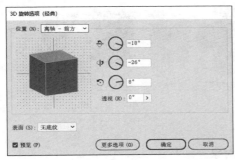

图 13-4

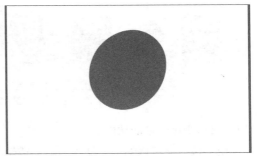

图 13-5

13.1.2 变形

应用变形效果组中的效果可以使选中的对象在水平或垂直方向上产生变形，可以将这些效果应用于对象、组合和图层。选中要变形的对象，执行"效果"|"变形"命令，在其子菜单执行相应的命令，打开"变形选项"对话框，如图13-6所示。可以在"样式"下拉列表中选择不同的变形效果，并对其进行设置。

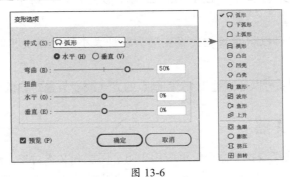

图 13-6

图13-7、图13-8所示分别为矩形应用"弧形""膨胀"的效果。

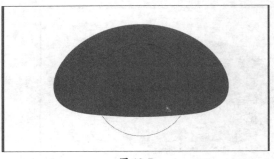

图 13-7

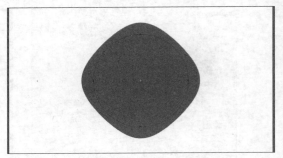

图 13-8

13.1.3 扭曲和变换

应用扭曲和变换效果组中的效果可以快速改变对象的形状，但不会改变对象的几何形状。该组中包括"变换""扭拧""扭转""收缩和膨胀""波纹效果""粗糙化"和"自由扭曲"7种效果，如图13-9所示。

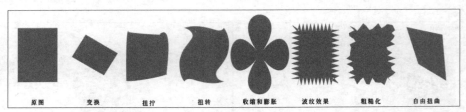

图 13-9

7种扭曲和变化效果的功能如下。

● **变换**：该效果可以缩放、调整、移动或镜像对象。

● **扭拧**：该效果可以随机向内或向外弯曲和扭曲对象。用户可以通过设置"垂直"和"水平"扭曲，控制图形的变形效果。

● **扭转**：该效果可以顺时针或逆时针扭转对象形状。数值为正时将顺时针扭转，数值为负时将逆时针扭转。

● **收缩和膨胀**：该效果将以所选对象中心点为基点，收缩或膨胀变形对象。数值为正时将膨胀变形对象，数值为负时将收缩变形对象。

● **波纹效果**：该效果可以波纹化扭曲路径边缘，使路径内外侧分别出现波纹或锯齿状的线段锚点。

● **粗糙化**：该效果可以将对象的边缘变形为各种大小的尖峰或凹谷的锯齿，使之看起来粗糙。

● **自由扭曲**：该效果可以通过拖曳4个控制点的方式改变矢量对象的形状。

13.1.4 路径查找器

"效果"菜单中的路径查找器命令仅可应用于组、图层和文本对象。选择目标对象编组并选择该组，如图13-10所示。应用效果后，仍可选择和编辑原始对象，如图13-11所示。也可以使用"外观"面板修改或删除效果。

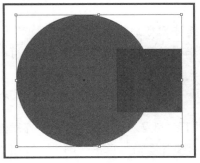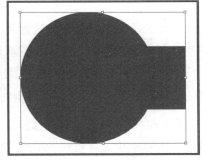

图 13-10　　　　　　　　　　　　图 13-11

☑知识点拨　"效果"菜单中的"路径查找器"命令与"路径查找器"面板的按钮有所不同，单击"路径查找器"面板的按钮，即创建了最终的形状组合，不可再次编辑。

13.1.5　转换为形状

转换为形状用于将矢量对象的形状转换为矩形、圆角矩形或椭圆，图13-12所示为原始效果和转换后的效果。

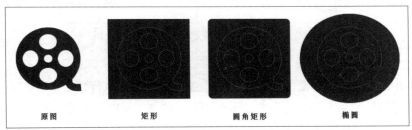

图 13-12

13.1.6　风格化

"风格化"用于为对象添加特殊的效果，制作出具有艺术质感的图像。该效果组中包括6种效果，具体如下。

1. 内发光

"内发光"用于在对象内侧添加发光效果。选中对象后，如图13-13所示，执行"效果"|"风格化"|"内发光"命令，在弹出的"内发光"对话框中设置模式、不透明度及模糊参数，如图13-14所示。

图 13-13　　　　　　　　　　　　图 13-14

2. 圆角

　　"圆角"用于将路径中的尖角转换为圆角。选中对象后，执行"效果"|"风格化"|"圆角"命令，在弹出的"圆角"对话框中设置圆角半径，单击"确定"按钮，即可应用效果，如图13-15所示。

3. 外发光

　　"外发光"用于在对象外侧创建发光效果。执行"效果"|"风格化"|"外发光"命令，在弹出的"外发光"对话框中设置模式、不透明度及模糊参数。单击"确定"按钮，即可应用效果，如图13-16所示。

图 13-15　　　　　　　　　　　　　　　图 13-16

4. 投影

　　"投影"用于为选中的对象添加阴影效果。选中对象后，执行"效果"|"风格化"|"投影"命令，在弹出的对话框中设置模式、不透明度、位移、模糊等参数。单击"确定"按钮，即可应用效果，如图13-17所示。

5. 涂抹

　　"涂抹"用于制作类似彩笔涂画的效果。选中对象后，执行"效果"|"风格化"|"涂抹"命令，在弹出的对话框中设置路径效果、描边宽度、间距等参数。单击"确定"按钮，即可应用效果，如图13-18所示。

6. 羽化

　　"羽化"用于制作图像边缘渐隐的效果。选中对象后执行"效果"|"风格化"|"羽化"命令，在弹出的对话框设置羽化半径，单击"确定"按钮，即可应用效果，如图13-19所示。

图 13-17　　　　　　图 13-18　　　　　　图 13-19

13.1.7 效果画廊

Illustrator中的"效果画廊"相当于Photoshop中的滤镜库。"效果画廊"中包含常用的6组效果，可以方便、直观地为图像添加效果，下面分别介绍。

1. 像素化

像素化用于将颜色值相近的像素集结成块，清晰地定义一个选区。执行"效果"|"像素化"命令，子菜单中包括4种效果命令，图13-20所示分别为原图及应用4种像素化效果后的示意图。

图 13-20

2. 扭曲

扭曲用于扭曲图像。执行"效果"|"像素化"命令，子菜单中包括3种效果命令，执行任一命令，都可以在"效果画廊"中设置参数，图13-21所示分别为应用3种扭曲效果后的示意图。

3. 模糊

模糊用于使图像产生一种朦胧模糊的效果。执行"效果"|"像素化"命令，子菜单中包括3种效果命令，图13-22所示分别为应用3种模糊效果后的示意图。

图 13-21

图 13-22

4. 画笔描边

画笔描边用于模拟不同的画笔或油墨笔刷勾画图像，使图像产生手绘效果，可以对图像增加颗粒、绘画、杂色、边缘细线或纹理，以得到点画效果，图13-23所示分别为应用画笔描边效果后的示意图。

图 13-23

5. 素描

素描用于为图像增加纹理，模拟素描、速写等艺术效果，也可以在图像中加入底纹以产生三维效果，图13-24所示分别为应用素描效果后的示意图。

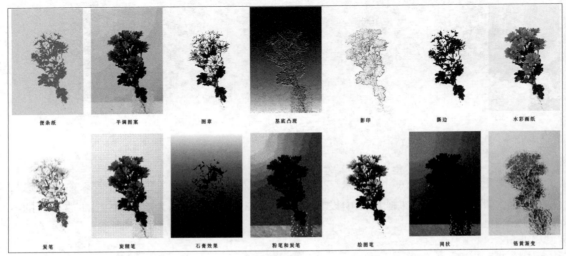

图 13-24

6. 纹理

纹理用于为图像添加深度感或材质感，主要功能是在图像中添加各种纹理，为设计作品增加立体感、历史感或抽象的艺术风格，图13-25所示分别为应用纹理效果后的示意图。

图 13-25

7. 艺术效果

艺术效果用于模拟现实生活，制作绘画效果或特殊效果。它可以为作品添加艺术特色，图13-26所示分别为应用艺术效果后的示意图。

图 13-26

动手练 制作漫画速度线

📖 **素材位置：本书实例\第13章\制作漫画速度线\速度线.ai**

本练习将介绍漫画速度线的制作，主要运用的知识包括椭圆工具、扭曲和变换及文字工具。具体操作过程如下。

步骤01 选择"椭圆工具"，按住Shift键绘制正圆，如图13-27所示。

步骤02 执行"效果"|"扭曲和变换"|"粗糙化"命令，在弹出的"粗糙化"对话框中设置参数，如图13-28所示。

图 13-27

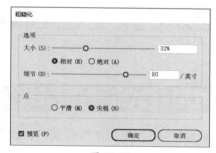

图 13-28

步骤03 应用效果如图13-29所示。

步骤04 执行"对象"|"扩展外观"命令，如图13-30所示。

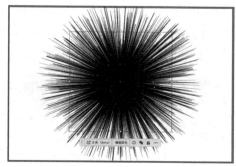

图 13-29

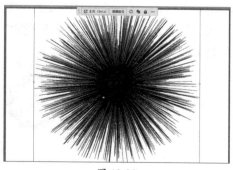

图 13-30

步骤05 选择"矩形工具"绘制矩形，如图13-31所示。

步骤06 将矩形置于底层，按Ctrl+A组合键全选，在"路径查找器"面板中单击"减去顶层"按钮，如图13-32所示。

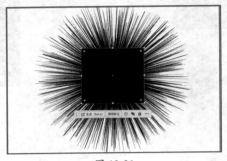

图 13-31

图 13-32

步骤07 调整至文档大小，如图13-33所示。

步骤08 选择"文字工具"输入文字，设置居中对齐，效果如图13-34所示。

图 13-33

图 13-34

13.2 图形样式

在Illustrator中，使用图形样式可将预设的样式效果快速应用于图形，极大地提高设计效率。

13.2.1 图形样式面板

"图形样式"面板展示了多种预设的样式，执行"窗口"|"图形样式"命令，打开"图形样式"面板，如图13-35所示。将目标样式拖放至图形中，即可应用，图13-36所示分别为应用样式前后的效果。

图 13-35

图 13-36

> ✅ 知识点拨 要更清晰地查看任何样式，可以在选定的对象上预览样式，也可以在"图形样式"面板中右击此样式的缩览图，查看出现的大型弹出式缩览图。

13.2.2 图形样式库

"图形样式"面板中仅展示部分图形样式，执行"窗口"|"图形样式库"命令，或单击"图层样式"面板左下角的"图形样式库菜单" 按钮，弹出多样式菜单，如图13-37所示。任选一个选项，即可弹出该选项的面板，图13-38、图13-39所示分别为"图像效果"和"艺术效果"面板。

图 13-37

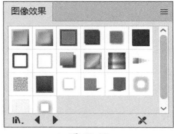

图 13-38

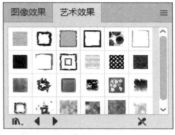

图 13-39

动手练 应用预设文字效果

📖 **素材位置：本书实例\第13章\应用预设文字效果\文字效果.ai**

本练习将介绍预设文字效果的应用，主要运用的知识包括文字工具、图形样式、重新着色图稿，以及拾色器的应用等。具体操作过程如下。

步骤01 选择"文字工具"，在"字符"面板中设置参数，如图13-40所示。

步骤02 输入文字，设置水平、垂直居中对齐，如图13-41所示。

步骤03 按Ctrl+C组合键复制文字，按Ctrl+F组合键原位粘贴，在"图层"面板中隐藏上方文字图层，如图13-42所示。

图 13-40

图 13-41

图 13-42

步骤04 在"图形样式"面板中单击"图形样式库菜单"按钮 ，再在弹出的菜单中选择"文字效果"选项，打开"文字效果"面板，在"文字效果"面板中单击应用"金属金"，如图13-43所示。效果如图13-44所示。

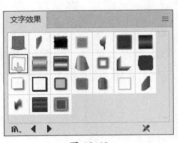

图 13-43	图 13-44

步骤05 在控制栏中单击"重新着色图稿"按钮 ⊙，再在弹出的对话框中设置颜色，如图13-45所示。效果如图13-46所示。

图 13-45	图 13-46

步骤06 在"图层"面板中显示文字图层，选择文字后在工具栏中双击填色按钮，再在弹出的"拾色器"对话框中设置参数（#dd1b40），效果如图13-47所示。

步骤07 按住Alt键移动并复制已有文本内容，随后对文字进行修改，并调整其颜色及大小，"有权不可任性"的效果，如图13-48所示。

图 13-47	图 13-48

13.3 外观属性

在"外观"面板中可以更改Illustrator中的任何对象、组或图层的外观属性，包括对象的描边、填充、效果等。

13.3.1 "外观"面板

执行"窗口"|"外观"命令或按Shift+F6组合键，即可打开"外观"面板，选中对象后，该面板中将显示相应对象的外观属性，如图13-49所示。该面板中部分选项的功能如下。

- 菜单▤：打开快捷菜单，执行相应的命令。
- 单击切换可视性◉：切换属性或效果的显示与隐藏。
- 添加新描边▢：为选中对象添加新的描边。
- 添加新填色▣：为选中对象添加新的填色。
- 添加新效果fx：为选中对象添加新的效果。
- 清除外观◎：清除选中对象的所有外观属性与效果。
- 复制所选项目⊞：复制选中的属性。
- 删除所选项目▥：删除选中的属性。

图 13-49

13.3.2 编辑外观属性

通过"外观"面板可以修改对象的现有外观属性，如对象的填色、描边、不透明度及效果等。

1. 填色

在"外观"面板中单击"填色"按钮▨，再在弹出的面板中选择合适的颜色，即可替换当前选中对象的填色，如图13-50所示。也可以按住Shift键并单击"填色"色块，调出替代色彩用户界面，再自定义颜色，如图13-51所示。

2. 描边

选中对象后，单击"外观"面板中的"描边"按钮▣，可以重新设置该描边的颜色与描边粗细。单击带有下画线的"描边"按钮，在弹出的面板中设置描边参数，如图13-52所示。

图 13-50

图 13-51

图 13-52

3. 不透明度

一般来说，对象的不透明度为默认值，可以单击"不透明度"名称，打开"透明度"面板，调整对象的不透明度、混合模式等参数，如图13-53所示。"外观"面板中也会有相应显示，如图13-54所示。

4. 效果

单击面板中的"添加新效果"按钮 fx.，在弹出的菜单中执行相应的效果命令，为选中的对象添加新的效果，如图13-55所示。若要对对象已添加的效果进行修改，可以在"外观"面板中单击效果的名称，如图13-56所示，打开相应的对话框进行修改。

图 13-53

图 13-54

图 13-55

图 13-56

动手练 制作多重文字描边效果

素材位置：**本书实例\第13章\制作多重文字描边效果\文字描边.ai**

本练习将介绍多重文字描边效果的制作，主要运用的知识包括文字工具和描边面板。具体操作过程如下。

步骤01 选择"文字工具"，在"字符"面板中设置参数，如图13-57所示。

步骤02 输入文字，设置水平、垂直居中对齐，如图13-58所示。

图 13-57

图 13-58

步骤03 选择文字，在"外观"面板中单击"添加新描边"按钮，如图13-59所示。

步骤04 单击"填充"按钮 后，按住Shift键，在弹出的面板中设置填充颜色（#f9f0d8），如图13-60所示。

步骤05 调整外观属性顺序，如图13-61所示。

步骤06 设置描边颜色为#b2c9a5，粗细为16pt，如图13-62所示。

图 13-59

图 13-60

图 13-61

图 13-62

步骤07 在"外观"面板中单击"描边"按钮▣，再在弹出的菜单中设置端点为"圆头端点"▣，设置边角为"圆角连接"▣，如图13-63所示。效果如图13-64所示。

图 13-63

图 13-64

步骤08 在"外观"面板中单击"添加新描边"按钮▣，选择底层描边，设置颜色为#648c78、粗细为40pt，如图13-65所示。等比放大，效果如图13-66所示。

图 13-65

图 13-66

Ps+Ai

Photoshop+Illustrator

第14章
案例实战

　　本章将通过4个案例：色彩调整、创意合成、3D文字、宣传页设计，深入剖析平面设计的关键技术和创新过程。

　　在进行色彩调整时，设计师需要掌握色彩理论，包括色阶、色彩平衡、可选颜色等。创意合成是平面设计中的一项重要技能，可将多个图像元素合并，创造出全新的视觉效果；通过对文字的轮廓创建、3D效果添加制作，设计师可以创造出各种令人印象深刻的文字效果；通过宣传页的设计案例，将前面学到的技能综合运用，完成一个具有吸引力和说服力的商业设计项目。

14.1 色彩调整：水果高级效果的呈现

📖 **素材位置：本书实例\第14章\水果高级效果的呈现\草莓.jpg**

本案例将介绍具有通透感的水果效果的制作，主要应用的知识包括调整图层的创建、色阶、色彩平衡等命令的编辑。下面进行介绍。

步骤01 将素材文件拖曳至Photoshop，如图14-1所示。

步骤02 创建"色阶"调整图层，在"属性"面板中设置参数，如图14-2所示。

图 14-1

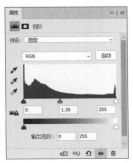
图 14-2

步骤03 应用效果如图14-3所示。

步骤04 创建"色彩平衡"调整图层，在"属性"面板中设置参数，如图14-4所示。

图 14-3

图 14-4

步骤05 应用效果如图14-5所示。

步骤06 创建"可选颜色"调整图层，在"属性"面板中选择"红色"通道设置参数，如图14-6所示。

图 14-5

图 14-6

步骤07 选择"黄色"通道设置参数，如图14-7所示。

步骤08 选择"绿色"通道设置参数，如图14-8所示。

步骤09 应用效果如图14-9所示。

图 14-7

图 14-8

图 14-9

步骤10 创建"曲线"调整图层，在"属性"面板中设置参数，如图14-10所示。

步骤11 应用效果如图14-11所示。

图 14-10

图 14-11

步骤12 按Shift+Alt+Ctrl+E组合键盖印图层，如图14-12所示。

步骤13 使用"污点修复画笔工具"去除玻璃上的瑕疵，再使用"混合器画笔工具"涂抹进行修复，使其更平滑通透，如图14-13所示。

图 14-12

图 14-13

步骤14 创建"自然饱和度"调整图层，在"属性"面板中设置参数，如图14-14所示。

步骤15 最终应用效果如图14-15所示。至此该水果特效制作完成。

图 14-14

图 14-15

14.2 创意合成：创意菠萝房子

📖 素材位置：**本书实例\第14章\创意菠萝房子\背景、菠萝、门.jpg和楼梯.png**

本案例将合成菠萝房子图像，主要应用的知识包括通道的复制编辑，色阶、曲线的应用及蒙版的创建编辑。下面对操作思路进行介绍。

步骤01 将素材文件拖放至Photoshop，按Ctrl+J组合键复制图层，如图14-16所示。

步骤02 在"通道"面板中将"蓝"通道拖至"创建新通道"按钮，复制该通道，如图14-17所示。

图 14-16

图 14-17

步骤03 按Ctrl+L组合键，在弹出的"色阶"对话框中选择白色吸管，吸取背景颜色，增加对比，如图14-18、图14-19所示。

图 14-18

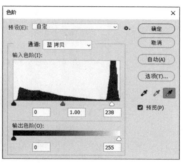

图 14-19

步骤04 按Ctrl+M组合键，在弹出的"曲线"对话框中调整曲线状态，如图14-20所示。

步骤05 选择"画笔工具"，设置前景色为黑色，涂抹暗部，如图14-21所示。

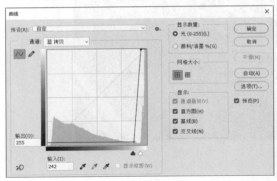

图 14-20

图 14-21

步骤06 按住Ctrl键，同时单击"蓝 拷贝"通道缩览图，载入选区。按Ctrl+Shift+I组合键反选选区，如图14-22所示。

步骤07 单击"图层"面板底部的"添加图层蒙版"按钮 ，为图层添加蒙版，隐藏背景图层，如图14-23所示。

图 14-22

图 14-23

步骤08 将素材图像拖曳至文档，调整大小并移至图层顺序，如图14-24、图14-25所示。

图 14-24

图 14-25

步骤09 在"图层"面板中创建"曲线"调整图层，再在弹出的"属性"面板中设置参数，如图14-26所示。按Ctrl+Shift+G组合键创建剪贴蒙版，效果如图14-27所示。

图 14-26   图 14-27

步骤10 将素材图像拖曳至文档，调整大小，更改不透明度为50%，如图14-28所示。

步骤11 单击"图层"面板底部的"添加图层蒙版"按钮■，为图层添加蒙版。选择"画笔工具"涂抹重叠部分，更改不透明度为100%，如图14-29所示。

图 14-28   图 14-29

步骤12 将素材图像拖曳至文档，调整大小，使用相同的方法创建蒙版后擦除多余部分，如图14-30所示。

步骤13 在"图层"面板中创建"曲线"调整图层，再在弹出的"属性"面板中设置参数，增强对比，最终效果如图14-31所示。

图 14-30   图 14-31

至此该创意图像制作完成。

14.3 3D文字：制作立体像素字效果

素材位置：**本书实例\第14章\制作立体像素字效果\立体像素字.ai**

本案例将介绍立体像素字效果的制作，主要应用的知识包括文字工具、创建轮廓、栅格化、创建对象马赛克、编组选择工具及3D效果。下面进行介绍。

步骤01 在Illustrator中，使用"文字工具"输入文字，在"字符"面板中设置参数，设置填充颜色为#00913a，如图14-32所示。按Shift+Ctrl+O组合键创建轮廓，如图14-33所示。

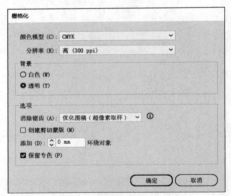

图 14-32

图 14-33

步骤02 执行"对象"|"栅格化"命令，在弹出的"栅格化"对话框中设置参数，如图14-34所示。执行"对象"|"创建对象马赛克"命令，在弹出的"创建对象马赛克"对话框中设置参数，如图14-35所示。

图 14-34

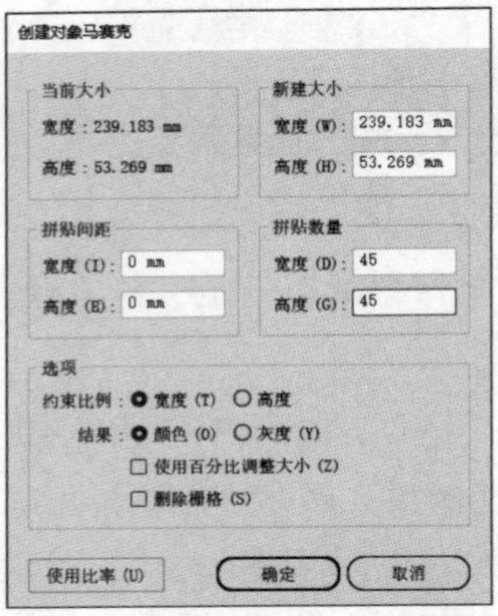

图 14-35

步骤03 在"图层"面板中，隐藏原始文字轮廓图层，如图14-36所示。

步骤04 使用"魔棒工具"单击，选中白色部分，如图14-37所示。按Delete键删除。

图 14-36

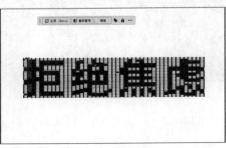

图 14-37

步骤05 继续使用魔棒工具将浅色部分的色块删除，如图14-38所示。

步骤06 使用"编组选择工具"选择部分色块并删除，如图14-39所示。

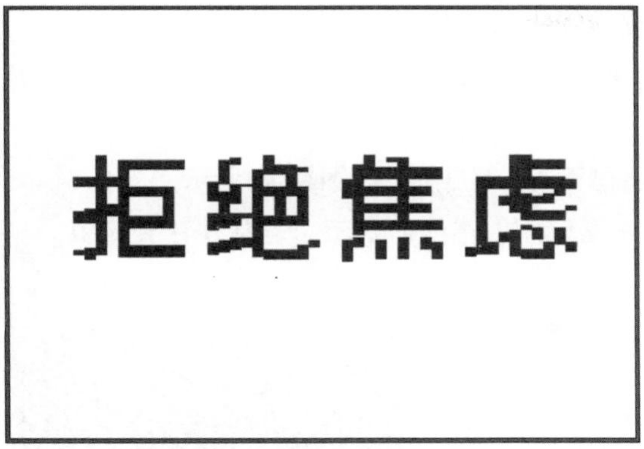

图 14-38

图 14-39

步骤07 添加0.25的描边（#006000），如图14-40所示。

步骤08 执行"效果"|"3D和材质"|"3D（经典）"|"凸出和斜角（经典）"命令，在弹出的"3D凸出和斜角选项（经典）"对话框中设置参数，如图14-41所示。

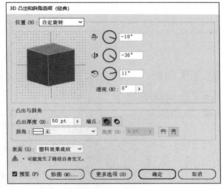

图 14-40

图 14-41

步骤09 应用效果如图14-42所示。

步骤10 在控制栏中单击"重新着色图稿"按钮，在弹出的对话框中调整饱和度，效果如图14-43所示。

至此该立体像素字效制作完成。

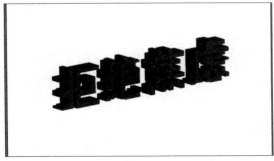

图 14-42

图 14-43

14.4 宣传页设计：制作家居三折页

📎 **素材位置：本书实例\第14章\制作家居三折页\三折页.ai**

本案例将介绍三折宣传页的制作，主要应用的知识包括参考线、钢笔工具、矩形工具、剪切蒙版、文字工具、对象选择工具等。具体操作方法如下。

步骤01 在Illustrator中新建文档，使用参考线将画面等分为3份，如图14-44所示。

步骤02 使用"钢笔工具"绘制闭合路径，置入图像后创建剪切蒙版，复制并释放蒙版，删除图像后，更改颜色置于底层，如图14-45所示。

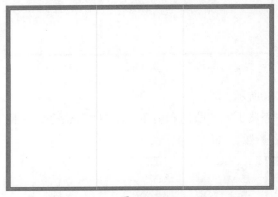

图 14-44

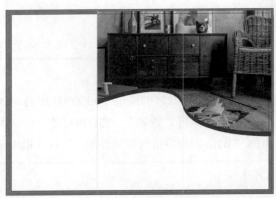

图 14-45

步骤03 使用"矩形工具"绘制路径，再使用"文字工具"输入文字，如图14-46所示。

步骤04 继续输入文字并置入logo，居中对齐，如图14-47所示。

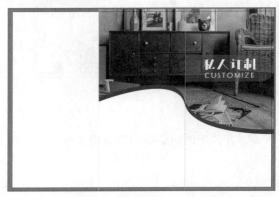

图 14-46

图 14-47

步骤05 选择"矩形工具"拖曳绘制矩形并填充颜色，如图14-48所示。

步骤06 使用"矩形工具"绘制路径，再使用"文字工具"输入文字与段落文字，如图14-49所示。

步骤07 置入二维码，选择"文字工具"输入文字，如图14-50所示。

步骤08 按住Alt键移动复制画板，如图14-51所示。

步骤09 删除多余的图像部分与文字内容，并调整显示与位置，如图14-52所示。

步骤10 使用"矩形工具"绘制与左侧矩形等高的矩形，置入素材后创建剪切蒙版，如图14-53所示。

图 14-48

图 14-49

图 14-50

图 14-51

图 14-52

图 14-53

步骤11 在右上角绘制矩形后输入文字，如图14-54所示。

步骤12 打开Photoshop软件，使用工具抠除背景，保存为透明的png格式图像，如图14-55所示。

步骤13 将抠好的素材置入Illustrator软件，如图14-56所示。

步骤14 使用"椭圆工具"绘制正圆，调整图层顺序。使用"文字工具"输入文字，更改部分文字的大小与颜色，如图14-57所示。

图 14-54

图 14-55

图 14-56

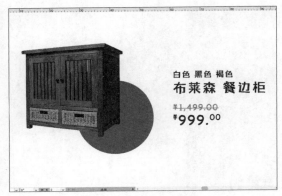

图 14-57

步骤15 将正圆和文字创建为一组，并复制多个，如图14-58所示。

步骤16 更改其他家具的内容信息与正圆的填充颜色，如图14-59所示。

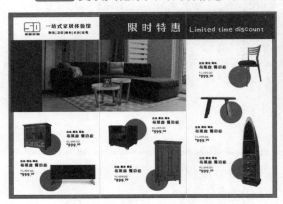

图 14-58

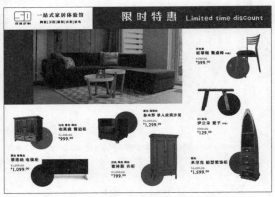

图 14-59

至此该宣传页制作完成。